世界麵包全工法

MASTER GUIDE TO BREADS
AROUND THE WORLD

帶領台灣走向國際，
集結各國道地工法的麵包經典

自 2008 年台灣麵包代表隊參加法國巴黎世界麵包大賽以來，團體組連續三屆獲得前三名，個人大師賽三屆也有兩位獲得大師頭銜，選手們的努力開展了台灣烘焙水準在國際的知名度，同時也鼓舞很多烘焙師傅勇於參加世界各地的不同比賽，除了帶動提升了整個烘焙產業，更吸引很多年輕人的投入。

開平餐飲學校自 1991 年增設餐飲科以來，老師除了培養無數的優秀國手之外，也身先士卒參與國內及國際比賽，而且不論學生或是老師都能獲得好成績載譽而歸。經驗的傳承除了師徒相授之外，資料的整理也不容忽視。繼《做甜點不失敗的10 堂關鍵必修課》之後，今年出版的《金牌團隊不藏私的世界麵包全工法》就如其名，開平師傅們把參與比賽的經驗及產品整理保留給學生，同時並跟外界分享，希望每次的比賽大家都能站在同樣的起跑點比武，並攜手向國際衝！

本書蒐集日本、台灣、法國、德國、義大利等國道地的產品，論工藝及口味都是初學者入門必須要懂的一課，更透過圖解傳統技藝，使製作過程簡單、容易瞭解，取代只靠做中學的繁雜無字說明，把單純的麵包加上師傅巧思使用不同的調味，轉換成餐盤上多種變化三明治及調理麵包也是特色，其內容除是一本學校好教材外，也是一本輕易自學的書本。而書本中「金牌團隊得獎麵包」的創意更是結合最新流行麵包的花樣、素材及工法，有志者若能深入探討得其精髓，未來必能成為比賽常勝軍。

最後對無私奉獻此書的師傅們致上最高的感謝！

施坤河
中華穀類食品工業技術研究所所長

忠實呈現製作流程，
最有系統的麵包教學聖經

用我的手帶著你領略世界的風味，用你的心與我一同開啟世界烘焙的門扉。

曾經有人說過，「請問世界有多大？」「你的心有多大，世界就有多大」。

我相信每個人都有個夢想，希望能夠環遊世界，看看世界之寬，看看各種民俗、風情、文化之美，可是往往礙於金錢與時間，縱然有寬廣的心，夢想多半未能實現而留有遺憾。

自我接任台北市糕餅商業同業公會理事長一職以來，即致力推展對外事務，參與國際烘焙組織，將烘焙人才及技術透過國際烘焙組織交流傳遞，於此，不外乎是為了拓展本產業的視界，因為世界在腳下轉動，潮流不斷變換，我確信，唯有打開世界的通道，我們才不會淹沒在洪流之中，方能一窺世界全貌。

俗話說：「秀才不出門，能知天下事。」我拿到這本書後，細細閱讀，本身是烘焙從業人員 30 年經歷的我，不禁連聲讚嘆！如此有系統地將世界主流麵包的製作流程一一呈現，並且把台灣本土發展之主力產品也詳加說明，圖文並茂，讀完之後真的有一種 Around the world 的感覺，對於不是秀才的人，可以透過本書領略到世界麵包的味道，而即便我走過世界很多角落，也沒有全然了解各種麵包的製程，所以這本書也開啟我認識世界的另一扇門扉。

在過去的十幾年來，台灣烘焙業的發展蓬勃，而烘焙師傅們也在世界各大競賽中揚名立萬，台灣的烘焙實力為國際所讚賞，當然，孕育人才的單位功不可沒，我所認識的開平餐飲學校，作育英才不遺餘力，並且不斷提升軟硬體，維護教學品質，讓畢業的同學為業界所稱道，如今有此著作，我相信爾後必為教學聖經外，也會成為烘焙同好爭相收藏之作，世界之大，盡收眼底，讓我們一齊走進去吧。

高垂琮
台北市糕餅商業同業公會理事長

從單一風味到多元調理，
將技術提昇至藝術

近年來，食安、食營的議題頗受關注，很多消費者急欲瞭解製作麵包的原理暨探索製作麵包的製程，如何品評各式麵包，對風味的差異性及獨特性充滿期待。

綜觀本書除收集彙整了各式麵包配方，並有系統性的將其分類：歐式、義式、日式、台式等大類別，再依序從類別中找到代表性麵包，爾後再延伸至三明治的組合。產品風味：從單一風味到多元調理組合。產品定位：從早餐食用到午餐餐盒再至晚餐佐餐麵包。產品外觀：從簡單樸實到複雜華麗，成功地將技術提昇至藝術。

麵包的工法日新月異，看似容易實則有其科學製程的原理。同樣的食材與配方但不同的工序流程，不同的製作環境，會有不同的產品產出。本書每樣作品皆有精美圖解並搭配文字詳述製程，讓讀者依序漸進，完成產品。這本書難得地分享了開平餐飲學校，歷年來在國際大賽中得獎的藝術麵包，由此可知本書的質量。

相信讀者參閱本書後，一定能心領神悟到烘焙武林的麵包製作心法及技法！

廖漢雄
國立高雄餐旅大學 烘焙管理系
專技教授兼副總務長

跟著金牌團隊一起，
用麵包與世界接軌

　　餐飲烘焙界的人，大概都聽過「北開平、南高餐」，我自己是高餐畢業的，也很榮幸有過幾次和學長、現任職於開平的彭浩師傅有過合作的經驗。開平餐飲學校這次推出的這本《金牌團隊不藏私的世界麵包全工法》，收錄了歐、美、日、台等十個麵包大國的經典麵包，製作程序配合精緻的圖説，讓閱讀者一目了然，對於想要做麵包的人來説，絕對是不可多得的好書。

　　由彭浩師傅帶領的金牌團隊最讓人佩服的地方，就在於團隊中的每位師傅都具有紮實的業界經驗，在學界的耕耘上更是不遺餘力。許多厲害的麵包師傅雖然有非常好的技術，卻不一定擅長教學，最後空有一身絕活，卻無法傳承下去。做麵包看似簡單，裡頭其實藏有很多工法和技巧，如果沒有人教，需要花費很多時間和心力慢慢練習才能開竅。但開平團隊多年來，一直努力將教學系統化，師傅們不藏私地將自身技術，用最好吸收的方式傳給每一位學生，帶領他們四處參加比賽，不但成果備受肯定，也讓台灣的烘焙人能夠走出國門，讓世界看見。

　　在這本書中，也充分發揮了開平團隊的教學專長，除了豐富多元的麵包種類，每個麵包的製程都有非常詳盡的説明和照片，讓大家可以透過閱讀，學習到製作麵包的各種工法。書中的食譜為了降低製作門檻，盡可能只用簡單、好取得的材料、工具，幫家裡沒有專業設備的業餘烘焙人，節省了很多不必要的麻煩。除此之外，也收錄了開平參加國家賽事的冠軍麵包，結合在地食材的創新口味，值得大家挑戰看看！

王鵬傑
法國世界麵包大師賽冠軍

與世界同步脈動，
用味蕾環遊地球

兩年前，我們傾團隊之力，藉由一道道西餐料理、甜點菜餚，將料理的核心、烹調工序心法，完整呈現在所有讀者面前，因為我們相信，學習料理不僅只需要看懂食譜、學會技術，更要能夠掌握其中的基礎概念、原理原則，才能打通任督二脈，發揮創意、靈活運用自如。

正如同在開平餐飲學校，我們教導學生的向來不是制式的料理操作步驟，而是能夠廣泛應用在各式料理領域的專業知識與關鍵技巧，讓烹飪的創意與樂趣不受侷限，讓料理成為人與人之間的美味關係。

然而，當世界之寬廣、料理之多元，我們要如何紮深家鄉餐飲底蘊，與國際趨勢脈動並駕齊驅？

開平餐飲學校因為具備國際等級的餐飲專業課程以及豐沛的國際交流資源，不僅成為世界廚師協會 WorldChef 唯一認證高中、屢屢在世界重量級比賽獲得獎項肯定，也讓學生到世界各地進修見習、教育旅行。我們不單單看見了世界的精采樣貌，更要帶著大家一起透過味道環遊地球。

於是，我們將從世界各國所汲取到的豐富經驗，結合在台灣累積長達近二十年的廚藝專業，化成簡單易懂的麵包工法精髓，從基礎知識到各國傳統經典以及特殊種類麵包，盡收於此次這本《金牌團隊不藏私的世界麵包全工法》，當我們掌握各國麵包的關鍵工法，等同於獲得了通往世界麵包殿堂的門票，任君盡情遨遊。

我們期待，從西餐、甜點到麵包，接下來還有更多更多的系列書籍，將我們開平餐飲的祕訣分享出去，用餐飲建立美味關係，將能夠讓更多人領略餐飲美食的無窮魅力，打造專屬於自己的美味生活。

開平餐飲學校副校長 ——— 夏豪均

第 1 章

從零開始，
關於麵包的基礎知識

CONTENTS

CONTENTS

特 別 篇

金牌團隊的得獎麵包！
結合寶島食材，
發揚海外的台灣之光

使用 × 説明

❶

❽

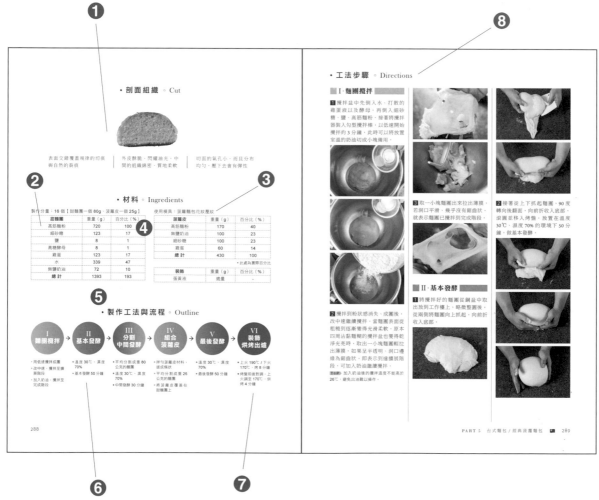

• 剖面組織。Cut

表面交錯覆蓋規律的切痕與自然的裂痕	外皮酥脆、閃耀油光，中間的組織緊密、質地柔軟	切面的氣孔小，而且分布均勻，壓下去會有彈性

❷ ❸

• 材料。Ingredients

製作分量：16 個【甜麵團一個 80g，菠蘿皮一個 25g】

❹

甜麵團	重量（g）	百分比（%）
高筋麵粉	720	100
細砂糖	123	17
鹽	8	1
高糖酵母	8	1
雞蛋	123	17
水	339	47
無鹽奶油	72	10
總計	1393	193

使用模具：菠蘿麵包花紋壓紋

菠蘿皮	重量（g）	百分比（%）
高筋麵粉	170	40
無鹽奶油	100	23
細砂糖	100	23
雞蛋	60	14
總計	430	100

※ 此處為實際百分比。

裝飾	重量（g）	百分比（%）
蛋黃液	適量	

❺

• 製作工法與流程。Outline

I 麵團攪拌 → II 基本發酵 → III 分割 中間發酵 → IV 組合 裝菠蘿皮 → V 最後發酵 → VI 裝飾 烘烤出爐

- 用低速攪拌成團
- 改中速，攪拌至擴展階段
- 加入奶油，攪拌至完成階段

- 溫度 30℃，濕度 70%
- 基本發酵 50 分鐘

- 平均分割成重 80 公克的麵團
- 溫度 30℃，濕度 70%
- 中間發酵 30 分鐘

- 平均分割成材料，搓成圓形
- 平均分割成重 25 公克的麵團
- 將菠蘿皮覆蓋在甜麵團上

- 溫度 30℃，濕度 70%
- 最後發酵 50 分鐘

- 上火 190℃ / 下火 170℃，烤 8 分鐘
- 烤盤前後調頭，上火調至 170℃，烘烤 4 分鐘

❻ ❼

288

• 工法步驟。Directions

I·麵團攪拌

1. 攪拌盆中先倒入水、打散的雞蛋液以及酵母，再倒入細砂糖、鹽、高筋麵粉，接著將攪拌器裝入勾型攪拌棒，以低速開始攪拌約 3 分鐘，此時可以將放置室溫的奶油切成小塊備用。

2. 攪拌到粉狀感消失、成麵團，改中速繼續攪拌。當麵團表面從粗糙到逐漸變得光滑柔軟，原本四周沾黏麵糊的攪拌盆也要擦拭乾淨光亮時，取出一小塊麵團輕拉出薄膜，如果呈半透明，即表示攪拌到擴展階段，可加入奶油繼續攪拌。

重點 加入奶油後的攪拌溫度不能高於 26℃，避免出油難以操作。

3. 取一小塊麵團拉出薄膜，若洞口平滑，幾乎沒有鋸齒狀，就表示麵團已攪拌到完成階段。

2. 接著從上下抓起麵團，90 度轉向後翻面，向前折收入底部，滾圓並移入烤盤。放置在溫度 30℃，濕度 70% 的環境下 50 分鐘，做基本發酵。

II·基本發酵

1. 將攪拌好的麵團從鋼盆中取出放到工作檯上，略微整圓後，從兩側將麵團向上抓起，向前折收入底部。

PART 5 台式麵包 / 經典波蘿麵包 289

012

❶剖面組織

以剖面圖解說在正常製作程序下出爐後,麵包呈現的外觀、內部組織,以及形成的氣孔大小、分布等狀態。

❷製作分量

依照家用攪拌機可以製作的分量所設計的配方,麵團重量盡量控制在 2 公斤以內。因為拍攝書中照片時使用的是專業設備,不適合過於少量的製作,所以在圖片中示範的數量上可能與配方分量略有差異,但不影響製作過程及成果。

❸模具

標示各道食譜使用的模具、尺寸。本書中盡可能使用較大眾化的模具,沒有廠牌限制,在一般烘焙行大多可以買到。若找不到相同的類型,可以選擇相似款,或是以烘焙用的紙杯代替。

❹百分比

本書中所有的麵團材料皆提供烘焙百分比,其餘內餡及裝飾的材料,則提供實際百分比,可以依照個人需求增減用量。百分比的算法請參考 P26-27。百分比和重量的換算上,有時會為了方便操作取整數,與計算出來的數字有些許差異,但不影響製作成果。

❺工法與流程

簡單說明各麵包的製作流程,並提供發酵、烘烤時的濕度、溫度,以及所需時間等參考數值。請注意參考值並非絕對,還是需要視實際情況進行適度調整。

❻發酵要點

本書中使用發酵箱發酵,可以精準調節溫度、濕度。在家裡如果沒有發酵箱,至少需要準備溫度計和濕度計,測量室溫環境。如果溫度或濕度比書中參考值高,就要縮短發酵時間。發酵時為了增加濕度並避免表面乾燥,必須準備一條濕毛巾,擰到不會滴水的程度後(也不能過乾),蓋在麵團上。

❼烘焙要點

本書中示範時使用的是專業的二合一紅外線矽石板烤箱。因各廠牌烤箱的功率與公升數不同,食譜中溫度與烘焙時間僅為參考數值,還是需要依照自家烤箱的性能做適當的調整。針對家用烤箱建議的麵團重量與烤焙溫度,可參考書末附錄。

❽工法步驟

本書中的食譜步驟安排,會依照前面的「製作工法與流程」排序。每個階段各步驟先以文字敘述後,再搭配照片說明。此外,拍攝時為清楚呈現畫面,多從製作者對面的角度拍攝,故照片與文字敘述會呈相反方向。

名詞解釋 ────────────

手粉: 手粉通常會使用高筋麵粉或與材料相同的麵粉。在麵團或工作檯上撒手粉,有助於操作過程更順利。

高粉: 指的是高筋麵粉。本書部分食譜中,當麵團烘烤前,會使用篩網撒高粉在麵團上做裝飾。

第 1 章
從零開始
關於麵包的
基礎知識

以烘焙來說,麵包的組成相當單純簡單,
只要「麵粉、酵母、鹽、水」就可以出爐。
但從麵粉到麵包的過程,卻蘊藏了許多學問,
在開始動手之前,先掌握基本的概念,
就能夠在製作時更加得心應手。

PART 1
About Bread
● ○ ○ ○ ○

認識麵包的組成
基本材料

麵粉

本書中使用的麵粉，主要以高筋麵粉、低筋麵粉、裸麥粉、T55 法國粉為主。麵粉中的小麥蛋白質（麥穀蛋白和醇溶蛋白），是形成筋性的主要成分，含量越高，膨脹力越好。在台灣，多以蛋白質含量來區分麵粉的種類，高筋（11.5-13.5%）、低筋（6.5-8.5%）、法國粉（中高筋，10.5-12%）、裸麥粉（僅含有少許醇溶蛋白，不易形成麵筋）。而在國外，則多以「灰分（Ash）」標示。

灰分是麵粉中殘留的礦物質，以法國粉為例，T55 指的便是灰分在 0.5-0.6% 之間的麵粉。T 後面的數字越大，灰分含量越高，精緻程度越低，麵粉顏色越深。使用高灰分麵粉製作出來的麵包，口感較硬，但麥香更濃郁；反之，如果 T 後面的數字越小，灰分的含量越低，精緻的程度越高，麵粉顏色就越淺。在從前的觀念中，灰分越低的麵粉品質越高，但隨著健康意識的抬頭，現在有些人反而偏好未精緻的高灰分麵粉（例：裸麥粉，灰分為 0.9-1%）。

水

在製作麵包的過程中，水扮演著讓酵母發揮作用、麵團產生筋性的重要角色。由於酵母僅能生長在 PH3.0-7.5 的弱酸性環境中，所以使用的水不能太硬（太鹼）或太軟（太酸），以 PH4.5-5.0、40-120ppm 的硬水為佳。但也不需要想得太複雜，使用一般的自來水或礦泉水就可以了，水中豐富的礦物質鎂，有助於強化筋性。但不建議使用軟水，或是已經完全去除雜質的純淨水（Pure）、過濾水，容易導致做好的麵包沒有筋性、塌塌的。

鹽

鹽是製作麵包的關鍵材料之一。本書中若沒有特別標示，使用一般家中常見的精鹽即可。但也可以依照風味挑選岩鹽、玫瑰鹽、海鹽、鹽之花等不同的種類，例如日本鹽可頌使用的鹽之花，便是一種片鹽，質地較粗、有口感、鹹度高。

而鹽巴除了增添風味、讓麵包更好吃外，還能抑制酵母活性，減緩發酵的速度，避免酵母在第一階段的基本發酵就將活力用完，之後中間發酵、最後發酵時反而無力、發酵不完全。除此之外，鹽也有隔絕雜菌跟增加氣保持力的作用，可以避免空氣中不好的微生物、壞菌進入麵包中，並強化麵團的組織、增加氣體保持力，讓發酵時產生的二氧化碳不會衝出麵團表面。

酵母

酵母最主要的作用，就是透過發酵，將糖轉化成二氧化碳，達到膨脹的效果，藉此烤出蓬鬆柔軟的麵包。酵母本身是一種植物、藻類，通常分為高糖酵母和低糖酵母，高糖低糖指的不是甜度，而是耐糖性。如果製作甜麵包等含糖量高的麵包，就要使用高糖酵母粉，酵母才能在糖度高的環境中生存；反之，製作歐式麵包這種含糖低的麵包時，就可以使用低糖酵母。

此外，酵母又分成塊狀的新鮮酵母，以及粉狀的乾燥酵母粉。新鮮酵母因為水分含量高，保存較不易，放冰箱也頂多只能放 3-4 星期，但優點是活性較高，很適合用在需要慢性發酵的麵包上，可以延長做好後的麵包保存期。乾燥酵母粉的優點，則是可以縮短攪拌時間，發酵的程度較穩定，且可以存放 1-2 年。基本上兩種酵母的味道沒有差別，依照自己的需求選擇即可。不過要注意鹽的高滲透壓會抑制酵母的活性，所以備料秤重時不要將鹽和酵母放在一起，以免影響發酵的品質。

糖

透過糖的高溫焦化與蛋白質產生梅納反應，可以讓麵包表皮呈現漂亮的色澤，提升香氣和風味，並同時增添甜味、提高營養價值。在麵團中加入糖後，也有助於延緩麵團老化，並提供養分給酵母，促進酵母的活性。

油脂

本書中使用的，大多是動物性的無鹽奶油。油脂具有提升營養價值、延緩麵包老化、避免水分蒸發的作用。有了油脂的輔助，烤出來的麵包外層表皮才會薄而柔軟、內部氣泡均勻細緻有光澤，而且比較不容易乾掉、變硬。在製作過程中，油脂也能擔任麵團的潤滑劑，增加延展性，讓麵包可以順利膨脹、變大。此外，油脂用量也會大幅影響麵包特性和風味。一般來說，麵包的油脂比例，大約是吐司 5%、奶油捲 15%、布里歐 50%，油越多，麵包越柔軟、顏色越黃。

 使用烤盤或是模具時，常常會先噴上一層薄薄的烤盤油，目的在預防麵團沾黏、不好脫模，和材料中的油脂不同。

乳製品

製作麵包時，常常用到脫脂奶粉或全脂鮮乳。一來是可以強化營養價值、增添風味，乳製品中的乳糖，還能促進發酵、防止麵包老化，甚至在烤焙時增添色澤。使用全脂鮮乳或脫脂奶粉都能達到相似的效果，但不建議使用全脂奶粉，因為市售品的乳脂含量有 15、18、30 等不同比例，比較難掌握、穩定性較低，且雖然含量越高風味越濃，但有時候反而會干擾到其他材料的味道。

雞蛋

在製作麵包的過程中，加入適量的雞蛋，有助於增添香氣、讓麵包內部呈現淡黃色光澤，其中的卵磷脂還有延緩麵包老化的作用。烤焙前在麵團表面刷上蛋液，烤出來後表面顏色較深沉、散發油亮感。

麥芽精

製作歐式麵包時，經常可以看到添加麥芽精。這是因為配方中沒有糖，或是含糖量很低，在這種情況下進行發酵，很容易缺乏能提供給酵母養分的醣，而影響到發酵的效果。所以需要在此時，加入使用發芽後的大麥熬煮、萃取出麥芽糖的麥芽精，其中含有的大量液化酵素（α-amylase），能夠將麵粉裡的澱粉分解成葡萄糖，讓製作過程更加順利，此外，還有增加麵團延展性，以及幫助麵包上色的功效。

讓製作過程更順手
必備工具

基本工具

攪拌機

一般攪拌機可分成家用與商用兩種。以鋼的容量去算,可攪拌多少公斤的麵團,3公斤以下為家用,市面上常見的 KitchenAid 或 KENWOOD,就是屬於家用攪拌機。超過3公斤的則是商用。本書因為在專業教室拍攝,使用的是大型的商用攪拌機,但設計食譜時,配方大多以 1-1.5 公斤為主,不超過2公斤,一般家用攪拌機也可以。不過不建議使用太小型的攪拌機,因為扭力弱,有可能攪拌很久筋性還是不夠,反而傷機器,或是導致麵團過熱。如果攪拌機太小,建議使用手揉的方式,或是依照百分比調整配方,減少製作的量。

烤箱

一樣分家用跟商用。商用烤箱又可分成一層式、兩層式、三層式,再依爐的不同分成石板爐、紅外線、二合一站爐等。本書中使用的是二合一的紅外線矽石板烤箱,保溫性好而且上色均勻,但一般家庭也可以使用家用烤箱,只要具備調整上下火的功能,大小至少比微波爐大即可,只是一次製作的量比較少,需要視烤箱大小,調整配方的百分比。不過如果要做歐式麵包,最好選擇有噴蒸氣功能的烤箱,如果沒有,也可以在預熱的時候放入蒸氣用石頭,等放入麵包後,在石頭上倒一杯水,或是在麵包上噴水代替。執行這個動作時務必要小心謹慎,以免被突然衝出的高溫蒸氣燙到。

擀麵棍

選擇用起來順手的產品即可。擀麵棍不適合碰水,使用完必須掛起來、乾燥保存。

磅秤

磅秤的單位以公克居多,但要製作麵包的話,建議備有可以測到 0.1 公克的微量秤(測量糖、鹽、酵母等少量材料),以及能測到5公斤的大規格秤。

鋼盆

需要準備大、中、小不同尺寸的鋼盆。市售鋼盆有分好壞,建議購買有拋光、去黑油的產品。如果買到沒有先做好去黑油處理的鋼盆,必須先泡醋洗淨。

硬式刮板 / 軟式刮板 / 耐熱長柄刮刀

硬式刮板是用來分割麵團的必備工具。軟式刮板通常用於刮鋼。長柄刮刀則用於攪拌。本書在製作開平冠軍麵包時,會另外使用到多輪刀、拉網刀等輔助工具,但一般麵包不太需要。

溫度計 / 計時器

製作麵包時,溫度和時間的管控相當重要。建議準備一支探針溫度計,以及電子計時器,用來探測麵團中心溫度,並測量時間。除此之外,也可以準備一個發酵專用的溫濕度計。

刀具

❶ 主廚刀
用來切割的鋒利刀具。

❷ 法國刀
通常用來在麵團上割線，比一般刀片鋒利。

❸ 麵包刀（鋸齒刀）
刀刃處為鋸齒狀，適合用來切割吐司等等。

❹ 剪刀
在幫法國麥穗做造型時，會用剪刀將麵團剪開。

模具

藤籃
用來整型法國鄉村麵包等比較軟、高水量的麵團時使用。

吐司模
可分有蓋與無蓋的種類，並有不同的尺寸。上至下為台式吐司模、日式吐司模、英式吐司模。

耐烤焙紙杯
用來製作義大利水果麵包的專用紙模。

咕咕霍夫模
用來製作咕咕霍夫的專用模具。

U 型模
用來製作奧地利克蘭茲麵包的專用鐵烤模。

英式馬芬模
使用一般的圓形塔模即可，如果沒有塔模，也可以用紙片圈成一個圈後，用錫箔紙包起來使用。

其他工具

手持篩網
用來過篩的工具，本書使用在篩高筋麵粉至藤籃內防止沾黏並做出紋路、裝飾麵包表面等用途。

木板
用來將麵團剷到帆布上的工具。

烤盤油
烘烤前，先在模具或烤盤上噴上少量的油，可以預防脫模時沾黏。

包餡匙
用來挖起餡料後包入麵團中的工具。

噴水槍
在麵包上均勻噴上少量的水時使用。

帆布
製作法國麵包等歐式麵包時，用來放置麵團，避免麵團乾燥的工具。

掌握變好吃
的流程
關鍵工序

預備

　　開始動手製作麵包之前的第一步，是先準備好所有需要的材料，並精準計量。不論是麵粉、水、酵母或鹽等，先依據不同食譜，備好相對應的用量，就能減少過程中慌亂導致的失敗。接著取出所有會用到的工具，檢查是否乾淨，並確認烤箱、發酵箱等器材，是否開啟到預定的溫度、濕度。最後，確認一下製作麵團時的環境（溫度、濕度），將自己的雙手清潔完畢後，就可以開始做麵包了。

攪拌

　　麵團食材可分成乾性與濕性，前者是指粉類、鹽、糖，後者則包括水、鮮奶、雞蛋、沙拉油等。所有食材攪拌之前，建議先將乾性材料與濕性材料分開混合均勻，再放入攪拌機中攪拌。如果使用的是即發乾燥酵母，必須先倒入濕性材料中拌勻，再加入其他乾性材料中。因為每種食材的特性不同，像奶粉的吸水性比麵粉強，蛋白比蛋黃較濃稠，先分開拌勻再攪拌，可以有效避免材料結塊。

麵團攪拌過程可分成三個階段：
❶ 拾起階段　❷ 擴展階段　❸ 完成階段

　　一開始要先攪拌到「拾起階段」。在鋼盆中放入所有材料後，以低速進行攪拌（此時不可以使用中速，以免鋼盆摩擦生熱、導致麵團迅速升溫，影響到麵團發酵）。等攪拌至粉狀感消失、逐漸成團，麵團表面看起來粗糙、呈現一顆一顆的模樣後，即是到達「拾起階段」。

T·I·P 這時候可以先暫停攪拌，使用軟式刮板整理一下鋼盆周圍的麵團，減少烘焙損耗。

拾起階段的麵團，是粉狀感消失、成團中的狀態。

接下來，改用中速攪拌麵團至「擴展階段」。到達這個階段時，麵團因為產生了筋性，看起來帶有彈性和光澤感，而且在攪拌的時候，會攀在勾狀攪拌器上面，被反覆甩打但不會掉下去。用耳朵仔細聽，可以聽到麵團和攪拌盆撞擊的啪啪聲響，還有麵團內氣泡被擠壓破掉的啵啵聲。此時取一小塊麵團出來，找到光滑面後攤開，用手指腹將麵團往左右邊轉邊拉出薄膜。如果已經可以拉出略有粗糙感的薄膜，薄膜上的空洞邊緣呈現鋸齒狀，即進入「擴展階段」。

當麵團攪拌到擴展階段時，已完全成團、不黏攪拌盆，且表面呈現光澤感。

等麵團到達「擴展階段」後，就可以加入奶油，繼續以中速攪拌至「完成階段」。此時的麵團因為充分混合油脂，看起來更加光滑，拉出來的薄膜也非常透光，裂開的洞孔邊緣平滑、沒有鋸齒狀。俗稱的「三光階段（手光、盆光、麵團光）」，便是指「完成階段」。最後轉低速收尾，幫助麵團修復一下後，即完成攪拌程序。

T·I·P 奶油如果太早加入，油脂不但會降低酵母的活性，還會抑制筋性的形成，導致攪拌時間變長，麵團溫度升高而難以發酵。

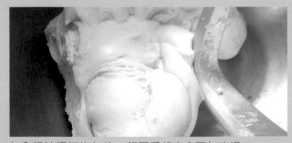

加入奶油攪拌均勻後，麵團看起來會更加光滑。

2 公斤以內的麵團攪拌過程大約是 10-15 分鐘，但根據麵包的種類以及麵團量多寡、材料差異，各階段所需的時間不一。以歐式麵包來說，有時僅需要攪拌到擴展階段即可。此外，也要配合麵團的溫度調整，有時為了避免麵團升溫，全程需以低速攪拌。如果夏天過熱，也需要適度加入冰塊降溫。一般來說，甜麵團最後攪拌完成時，中心溫度約落在 26-30 度；歐式麵包則依種類而異，常見的法國麵包通常溫度落在 21-24 度。

有些含水性高的麵包，例如法國洛代夫麵包、英式馬芬等，在攪拌過程中會有一個「後加水」的動作，也就是分次加水。以洛代夫來說，因為含水量高達 90%，粉、水的比例幾乎是一比一，如果一次混合攪拌，型態會有如爛泥，所以需要先將 70% 的水跟其他材料拌勻成團，攪拌至出現筋性且光滑的擴展階段後，再將剩餘的水慢慢分次加完。

攪拌的過程看似容易，卻是相當重要的步驟。如果一開始沒有做好，之後的發酵、整型、烘焙等步驟都會受到影響。請務必仔細觀察麵團的攪拌過程，並攪拌到適合發酵的狀態。

擴展階段
麵團拉出的薄膜表面仍顯得稍微粗糙，延展性不足。

完成階段
麵團表面光滑，可拉出透光、孔洞無鋸齒狀的薄膜。

發酵

完成攪拌後的麵團，接著就要進行發酵的作業。依照麵團的不同，需要發酵的次數和時間長短都不太一樣。通常以 3 次為基本，一般來說可分為：攪拌後的「基本發酵」、分割整型後的「中間發酵」、整型或入模後的「最後發酵」。

在專業環境下，為了精準掌握溫度和濕度，會使用發酵箱做發酵。如果家中沒有發酵箱，可用溫熱的濕毛巾蓋著代替（不要濕到會滴水的程度）。不同的麵團，需要的發酵環境也有所差異，例如：甜麵團適合濕度 70-75%；裏油類麵團如果太濕，油跟皮會融化而失去層次，因此濕度 60-65% 的環境較佳；吐司類則為濕度 80% 左右。

為了讓麵團達到理想的發酵狀態，必須打造一個偏濕、溫暖，適合酵母生存的環境，才能讓酵母確實發揮活性。不同階段的麵團，需要發酵到什麼樣的程度，請參照書中食譜的說明進行。

翻面

如果遇到含水量高、比較軟爛的麵團（例：法國洛代夫），在基本發酵的過程中，會需要進行「翻面」的動作，用意是強化筋性，把舊的氣體排掉、包覆新的空氣進去。翻面是指藉由折疊的方式，讓筋性堆疊、加強厚度，藉此幫助麵團變得更有力且更 Q 彈。

不是每個麵團都需要翻面，通常水份含量越高的，翻的次數就越多，例如法國洛代夫麵包要翻面兩次。如果不翻面的話，麵團筋性不足，除了很難操作，也不容易包覆氣泡，在口感上會大打折扣。

將麵團延展成長方形，排出空氣。

將麵團從上下兩側往中間折疊。

將麵團從左右兩側往中間折疊。　翻面後將收口朝下，稍微收圓。

分割

基本發酵完成後會進行分割，將大的麵團分切成等重的小麵團。分割時需使用磅秤計量，盡可能讓小麵團的重量一致，才能統一控制之後發酵與烘烤的時間。切的時候先切條再切塊，用切麵刀以按壓的方式快速切下並分開，不要來回拉扯，以免破壞麵筋組織。

分割麵團時，先切長條再切成塊狀。

分割好後以磅秤測量，如果重量不夠需補足。

整型

　　本書中的「整型」，共分成兩個部分。一個是分割後的整型，俗稱「滾圓」，目的是將麵團內的空氣排出，再進行中間發酵，但並非所有的麵團都是滾成圓形，也可能是長柱形、橄欖形等，因此統稱「整型」。另外一種，則是最後發酵前的整型，將麵團調整成最終要完成的形狀。下方介紹的是最常見的小麵團滾圓形、大麵團折圓形兩種整型方式，其他麵團的整型、入模方法，將詳列在各食譜中。

小麵團滾圓形
將手掌拱起覆蓋在麵團上，以同方向畫圓滾動麵團，滾至表面光滑、呈圓形為止。

 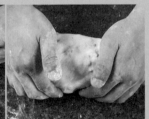

大麵團折圓形
將麵團向前折疊，讓收口在底部。接著從上下抓住麵團，抓起來轉 90 度翻面（此時收口在上），再向前折疊一次。最後用雙手掌包圍住麵團，以同方向畫圓轉動麵團至表面光滑為止。

裝飾

　　裝飾通常在兩個時機進行，分別是烘烤前以及烘烤後。烘烤前的裝飾包含：擠入餡料、用剪刀剪出造型、用法國刀割線、刷蛋液等。烘烤後的裝飾則包括：撒糖粉、刷糖水或果膠、擺上醃漬果乾等。不同的麵包有不同的裝飾方式，目的也各不相同，例如，麵團切刀口除了美觀，也是為了讓麵筋不會太過緊繃，避免烘烤後出現不規則裂紋；刷蛋液後烘烤，麵包會呈現漂亮的色澤；出爐後刷糖水能增加光澤度。請依照書中的食譜說明，進行適合的裝飾。

割線 　　　　　　　　　　**撒粉**

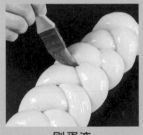 

刷蛋液 　　　　　　　　　**撒鹽**

烘焙

　　烘焙步驟可說是不亞於攪拌動作的關鍵環節，從預熱、烘烤到出爐都不可不慎。麵團進爐烘烤前，一定要先將烤箱預熱到適當溫度，再依據火力需求做調整。有些麵包不能固定一個溫度烤到底，中途需要掉頭或是降低火力；部分歐式麵包一開始需要噴蒸氣，有些甚至最後只利用餘溫將麵包烘烤完成。不同類型的麵包有各自適合的烘烤方式，將於書中食譜詳細說明。但由於本書食譜的烘焙溫度與時間都是以商用烤箱做示範，請務必根據各自的烤箱情況做調整。

熟悉不同的製作法
發酵關鍵

依照麵包的種類，製作方法也會區分成幾種不同的方式。最大的差別在於發酵過程，主要分成將所有材料一次混合後發酵，以及另外加入不同酵母種的作法，而酵母種又可以再細分成很多種類，左右麵包的口感和風味。接下來，就要來介紹幾款最常使用的發酵方式。

直接法

直接法是製作麵包時最常使用的方法，本書中的食譜多數也是以直接法做示範。方法簡單又快速，只要將乾性材料、濕性材料分別混合均勻後，再放一起攪拌至完成階段，即可進行發酵。對新手來說比較容易操作，但麵包相對來說容易老化、保濕性和風味都沒有其他發酵法來得好。

中種法

中種法經常被拿來與直接法做對照。基本作法是將配方中的材料（麵粉、水、酵母等）分量拆成中種麵團和主麵團兩部分。先將中種麵團發酵後，再加入主麵團的材料中一起製作。雖然中種法比直接法更費時，但是製成的麵包保濕性好，也多了發酵的甘甜味、風味更醇厚。中種法還可細分成不同的類型，譬如，低溫隔夜中種法，必須冷藏 12-18 小時才能使用。由於經過長時間的發酵，麵團的保水力佳，口感會更細緻濕潤。

湯種法

湯種法常見於日式麵包，例如：坊間販售的超熟吐司、湯種吐司，都是使用這種發酵方法，做出來的麵包口感濕潤 Q 軟。基本作法一樣是將配方中的材料拆成湯種麵團和主麵團。取出湯種麵團的材料混合後，將熱水沖入麵粉中，讓麵粉瞬間糊化、熟化、產生黏性，藉此將水分鎖在裡面，達到保濕效果。完成的麵糊相當濕潤，冷藏過後就可以加入主麵團中製作。湯種需要經過隔夜冷藏（至少 6 小時以上），效果才會顯著，因此必須事前製作完成。

老麵種

※ 本書使用到的食譜：洛代夫、克蘭茲麵包

老麵種是經過長時間發酵的麵團。加入老麵種做出來的麵包，會散發更深沉的麵香味，麵包的彈性也更好。基本作法是將攪拌後的麵團先於室溫中發酵，鎖住味道，然後再移至冰箱冷藏，等待至少隔夜後，再加入主麵團中使用。

材料	重量 (g)	百分比 (%)
T55 法國麵粉	140	48.1
裸麥粉	50	17.2
水	100	34.4
低糖酵母	1	0.3

製作方法
1. 鋼盆中先倒入水，再加入低糖酵母，充分攪拌均勻。
2. 加入 T55 法國麵粉、裸麥粉，先用低速攪拌成團，再改中速攪拌至擴展階段。。
3. 取出後壓扁、滾圓，在表面劃十字即可。
4. 放置在室溫發酵 2 小時，再移至冰箱冷藏 1 天以上即完成。

液種

※ 本書使用到的食譜：法國長棍麵包

製作歐式麵包時，經常使用到這種酵母種。將液種經過長時間的低溫發酵就可以加入主麵團中使用。加入液種製作出來的麵包，能夠呈現更有層次的風味，組織也更柔軟。

材料	重量 (g)	百分比 (%)
T55 法國麵粉	350	49.96
水	350	49.96
低糖酵母	0.5	0.08

製作方法
1. 鋼盆中先倒入水，再加入低糖酵母，充分攪拌均勻，再加入 T55 法國麵粉攪拌均勻即可。
2. 放置室溫發酵 12 小時以上，當表面出現許多小泡泡即表示完成。

自製天然酵母種

自製天然酵母種最常見的是葡萄菌種與蘋果菌種。本書中使用的是葡萄菌種製作的初種,以葡萄乾為原料,先培養出酵母液,再和麵粉混勻製成。由於葡萄乾本身甜度高,糖分可以促進酵母的活性,製作上的成功率較高。加入葡萄初種製成的麵包,帶有淡淡的果香味,風味獨特。

培養葡萄乾酵母液

材料	重量 (g)	百分比 (%)
水	1000	67
葡萄乾	500	33

製作方法
1. 以水:葡萄乾為 2:1 的比例混合。
2. 放置在室溫下 5-7 天即完成,可以看到表面有許多小氣泡。

表面可以看到許多小泡泡

酵母液中有很多氣泡

製作葡萄初種 　※ 本書使用到的食譜:天然酵母桂花荔枝麵包

材料	重量 (g)	百分比 (%)
葡萄乾酵母液	1000	61
T55 法國麵粉	650	39

製作方法
1. 攪拌均勻後即完成。

酸種 　※ 本書使用到的食譜:玫瑰麵包、啤酒麵包、馬鈴薯穀物麵包、黑麥酸麵包、舊金山酸麵包

使用裸麥製成的酸種,最常使用在製作德國麵包。裸麥本身灰分高、礦物質多,是沒有精煉過的麥粉。加入酸種製成的麵包風味很特別,口味偏酸,通常會搭配煙燻食品(例如培根、鮭魚等)以及起司、生菜,做成三明治或潛艇堡,可以提升整體風味。

材料	重量 (g)	百分比 (%)
裸麥粉	100	50
水	100	50

製作方法
1. 將所有食材攪拌均勻後,放置室溫發酵 12-24 小時。
2. 發酵完成後移至冰箱冷藏。

魯邦種 　※ 本書使用到的食譜:蘋果櫻桃綠胡椒麵包、天然酵母桂花荔枝麵包

魯邦種(Levain)是法國指標性的天然酵母種,可分為液種與硬種。液種是麵糊,製成的麵包口感比較濕軟;硬種就是比較柔韌的麵團,做出來的麵包口感 Q 彈。本書為了提高成功率,介紹的是用葡萄乾酵母液起種的魯邦種。起種需要 7 天時間,完成初種培養後繼續每天續種,風味會越來越深厚。

培養葡萄初種

材料	重量 (g)	百分比 (%)
葡萄乾酵母液	600	37.5
T55 法國麵粉	1000	62.5

製作方法
1. 攪拌均勻後即完成。

魯邦液種

材料	重量 (g)	百分比 (%)
葡萄初種	1600	42.1
T55 法國麵粉	1000	26.3
水	1200	31.6

製作方法
1. 攪拌均勻後即完成。

魯邦硬種

材料	重量 (g)	百分比 (%)
葡萄初種	1600	50
T55 法國麵粉	1000	31.25
水	600	18.75

製作方法
1. 攪拌均勻後即完成。

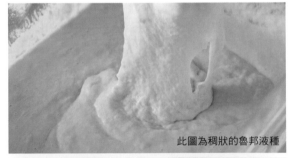
此圖為稠狀的魯邦液種

使用裸麥的酸種顏色較深

配方百分比
計算說明

　　在看烘焙食譜的時候，時常會看到關於「百分比」的標示。百分比的用處，在於可以讓使用者依照想要的製作量，自由增減配方上的材料。一般又分成「烘焙百分比」和「實際百分比」，烘焙百分比主要用在計算麵團的材料，而內餡等其他食材則多以實際百分比計算。

烘焙百分比

　　這是烘焙時最常使用到的百分比計算方式，以配方中的麵粉為100%的基準，再依照麵粉重量來算出其他食材是百分之幾，因為基本的麵粉比例就是100%，所以所有材料百分比加起來的總計會超過100%。方法簡單，不論量多量少都能輕鬆換算，可以確保品質不變。

　　以下方的麵團材料為例，高筋麵粉的500公克設為100%，將其他材料的重量除以高筋麵粉重量後，再乘以100，即為該材料的烘焙百分比。

例 $\dfrac{\text{細砂糖的}}{\text{烘焙百分比}} = \dfrac{\text{細砂糖 10g}}{\text{高筋麵粉 500g}} \times 100 = 2\%$

　　使用烘焙百分比換算重量時，為方便操作通常會將小數點無條件進位，或是微量調整成整數，粉類可以接受的誤差值為 ±5 公克，其他材料則僅能差距 1-2 公克。假若要調整高筋麵粉的量至 200 公克，只需要用麵粉重量乘以其他材料的烘焙百分比，即可得知需要的材料重量。

例 麵粉 200g × 細砂糖烘焙百分比 2% = 4g

麵團配方

麵團	重量 (g)	百分比 (%)
高筋麵粉	500	100
細砂糖	10	2
水	25	5
奶粉	2	0.4
高糖酵母	2	0.4
無鹽奶油	4	0.8
雞蛋	5	1
總計	548	109.6

實際百分比

　　一般常見的百分比計算方式，以配方總重為基準，計算各材料在配方中佔有的比例，所有材料的百分比加起來後，總計為100%，但可能有零點幾的誤差，屬於正常範圍。可以了解到各材料在配方中的比重。

　　以下方菠蘿皮的配方為例，將其他材料的重量除以配方總重，再乘以 100，即為該材料的實際百分比。

例　$\dfrac{\text{低筋麵粉的}}{\text{實際百分比}} = \dfrac{\text{低筋麵粉 90g}}{\text{配方總計 200.3g}} \times 100 = \dfrac{45\%}{\text{（無條件進位）}}$

　　若需要調整配方時，需先得知需要調整的配方總量，再乘以實際百分比，即可得知各材料需要的用量。假設配方總重調整到 300 公克，低筋麵粉用量的計算方式如下例。

例　配方總計 300g × 低筋麵粉實際百分比 45% = 135g

菠蘿皮配方

菠蘿皮	重量 (g)	百分比 (%)
低筋麵粉	90	45
細砂糖	52	27
無鹽奶油	22	10
雞蛋	35	17
泡打粉	0.8	0.6
香草莢醬	0.5	0.4
總計	200.3	100

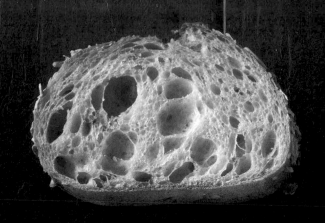

第 2 章
歐式麵包
來自發源地的千年不敗工法

麵包的起源眾說紛紜,但說到歷史悠久,
無疑以法國、奧地利等歐陸麵包大國為主。
一般歐包多給人低油低糖、充滿嚼勁的印象,
但實則也有布里歐這般鬆軟的種類,
發展出多元的口感和口味。

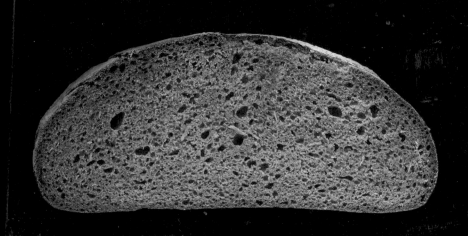

PART 2
European Bread

法國 France

法國人每一天的生活，可說與麵包密不可分。
對麵包重視的程度，甚至在國會上明文規定，
製作過程必須符合流程標準，才有資格稱為「麵包店」，
就連長棍麵包的成分、長度、重量，
也都定有嚴格的規範。

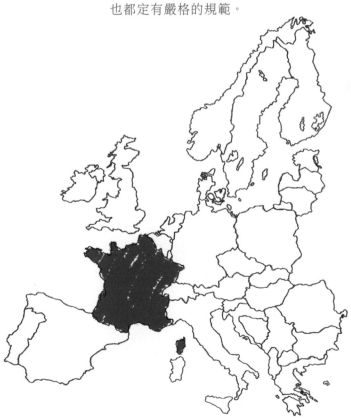

法國長棍麵包

/ BAGUETTE /

基本的細長棒狀和變化的麥穗款,都是常見的長棍種類。
長棍麵包最早出現的紀錄在 18 世紀中期,到 1920 年代開始普及。
當時政府基於保障勞權,規定麵包師傅早上 4 點前不能上工,
為趕供應早餐,只好將麵包搓長,縮短發酵烘烤時間。

• 剖面組織 。 Cut

| 外皮黃金薄脆、表面有漂亮割痕 | 麵包芯帶有光澤和彈性,濕潤有咬勁 | 有均勻氣孔,以及水潤、半透明感的氣泡膜 |

• 材料 。 Ingredients

製作分量:6 個【一個 300g】

	重量(g)	百分比(%)
T55 法國麵粉	745	100
鹽	20	2.7
低糖酵母	4	0.5
水 A	395	53

	重量(g)	百分比(%)
水 B(後加水)	94	13
液種	653	87.6
總計	1911	256.8

＊液種製作方法請參照 P24

• 製作工法與流程 。 Outline

I 麵團攪拌 → **II 基本發酵 翻面** → **III 分割 中間發酵** → **IV 整型** → **V 最後發酵** → **VI 裝飾 烘烤出爐**

- I 麵團攪拌
  - ◆ 用低速攪拌成團
  - ◆ 改中速攪拌至略可拉出薄膜
  - ◆ 加鹽,改低速攪拌均勻後分次加水
  - ◆ 改中速攪拌至完成階段

- II 基本發酵 翻面
  - ◆ 室溫發酵 15 分鐘
  - ◆ 翻面後,延續發酵 60 分鐘

- III 分割 中間發酵
  - ◆ 分割成重 300 公克的麵團
  - ◆ 整型成橢圓狀
  - ◆ 室溫發酵 15 分鐘

- IV 整型
  - ◆ 整型成長棍狀

- V 最後發酵
  - ◆ 室溫發酵 30 分鐘

- VI 裝飾 烘烤出爐
  - ◆ 表面劃切割紋
  - ◆ 上火 240℃ / 下火 220℃
  - ◆ 噴蒸氣 3 秒
  - ◆ 烘烤 20-22 分鐘

• 工法步驟 ◦ Directions

■ I · 麵團攪拌 ■

1 攪拌盆中倒入 395 公克的水與液種，再加入低糖酵母、T55 法國麵粉。攪拌器裝入勾型攪拌棒，開始以低速攪拌約 3 分鐘。

2 攪拌到粉狀感消失，再持續攪拌到麵團成團後，改成中速。攪拌至麵團變光滑、取出一小塊麵團可以略微拉出薄膜時，加入鹽並改成低速繼續攪拌。

3 加鹽攪拌均勻後，將剩下的 94 公克水，分成三次加入，邊加入邊攪拌，讓麵團與水融合後，改成中速攪拌，從這個階段開始，大約要攪拌 6 分鐘左右，直到表面從粗糙到逐漸變得光滑柔軟，原本沾黏的攪拌盆周圍也變得乾淨光亮。

4 取一小塊麵團出來拉薄膜，若洞口平滑、幾乎沒有鋸齒狀，就表示麵團已攪拌到完成階段。

■ II · 基本發酵、翻面 ■

1 工作檯上撒上手粉，將攪拌好的麵團從鋼盆中取出，從上下兩側向上抓起麵團後，順時鐘轉 90 度、雙手轉到左右兩側，將麵團往前折、收入底部。再重複相同動作，將麵團收圓至表面光滑後，移到已經撒上手粉的烤盤上。放置在室溫（夏季約 25℃、冬季約 23℃）下 15 分鐘，做基本發酵。

2 接下來進行翻面。將鬆弛後的麵團表面撒上一些手粉，倒扣到工作檯上，抓起四邊整型成長方形後，再撒些手粉，用十隻手指由上往下按壓，將空氣排出。

3 將靠近身體的麵團往上折到約 1/3 的位置，再將上方麵團往下折，完全覆蓋之前的反折處後，壓實。

4 將左邊麵團往右折 1/3，再將右邊麵團往左折到完全覆蓋之前的反折處。

5 將麵團從上往下翻折到底，輕抓麵團往身體方向收口，收至表面光滑即可。翻面完的麵團放入已經撒上手粉的烤盤上，放置在室溫下延續發酵 60 分鐘。

T·I·P 為避免乾燥結皮，可蓋上塑膠袋或放在鋼盆中，再鋪上擰乾的濕抹布。

▐ III · 分割、中間發酵 ▐

1 取出發酵好的麵團，在上面撒上一些手粉，倒扣到工作檯上，再撒上一些手粉，整型成長方形後用十隻手指由上往下按壓，將空氣排出。

2 分割麵團，每一份麵團均分為 300 公克。

3 將分割出來的麵團拍出空氣，翻面後將靠近身體的麵團往上反折，再往前捲到底，順勢將麵團往下收折。稍微前後滾一滾，使收口緊實即可。

4 在木板上鋪入發酵專用帆布並撒上手粉備用。將整型好的麵團收口朝上，放入帆布中，兩個為一排，一排擺好後將帆布折出細長凹槽再放下一排，麵團間需留置適當距離，並撒些手粉，最後在上方蓋上帆布。放置在室溫下 15 分鐘，做中間發酵。

■ IV · 整型

1 在工作檯上撒些手粉，將中間發酵好的麵團放上去翻面轉一轉，讓表面沾粉使其不黏手。

2 用手掌拍壓麵團，排出大空氣，翻面，讓平順光滑面朝下。

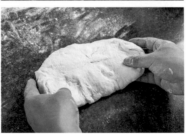

3 由外側往中央折入 1/3，並以手掌根部輕壓折疊過的麵團，邊折邊按壓，使其貼合。完成後抓起兩側，稍微拉長。

4 輕拍折疊過的麵團，幫助氣體排出。再一次由外側往中央折入，折入位置為之前折線下方的 1/2，並以手掌根部按壓麵團，邊折邊按壓，使其貼合。完成後稍微拉長、沾一下手粉。

5 輕拍麵團，幫助氣體排出。重複第三次折疊動作，由外側往內折到底，並以手掌根部按壓折疊過的麵團，稍微加大力道，邊折邊按壓，使其緊密貼合。

6 輕拍麵團後，將兩隻手從中間往兩側邊搓麵團邊移動，使其延展開來成為長棍狀。

V · 最後發酵

1 將所有麵團整型成長棍狀後，收口朝上，放入帆布凹槽中，撒上手粉。放置在室溫下 30 分鐘，做最後發酵。

VI · 裝飾、烘烤出爐

1 事先準備好木板，將最後發酵完成的麵團從帆布中輕輕剷滾到板上，再輕輕放到烤盤中，過程中動作要儘量放輕，以免發酵好的麵團消氣。

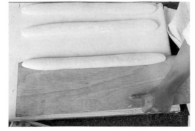

2 將麵團稍微修整一下形狀後，表面用利刀劃深線。

T·I·P 劃線時速度要快，避免拖刀而導致割痕有鋸齒痕。

B·O·X 如果想要做變化的麥穗造型，可在發酵好的麵團上均勻撒上 T55 法國麵粉，再用剪刀以傾斜 45 度的角度以等間距剪開麵團，切口深度要達 2/3，切開後再以左右交錯的方式向兩邊推開，如果切口過淺，麵團就無法順利推開。

3 放入已經預熱至上火 240℃ / 下火 220℃的烤箱中，噴蒸氣 3 秒，烘烤 20-22 分鐘至表面呈金黃色即可取出。

⌐ 煙燻鮭魚酸豆塔丁 ⌐

材料（1 個份）

長棍麵包	1 片	檸檬丁	少許
煙燻鮭魚	2-3 片	黑胡椒	少許
酸豆	3 顆	橄欖油	適量
洋蔥絲	10g		

作法

1. 麵包表面擦上橄欖油。
2. 檸檬切成小片狀備用。
3. 把煙燻鮭魚、酸豆、洋蔥絲、檸檬丁，
   堆疊到麵包切片上。
4. 再撒上黑胡椒即完成。

⌐ 炭烤牛小排塔丁 ⌐

材料（1 個份）

長棍麵包	1 片	洋蔥絲	10g
美國牛小排	2 片	蘑菇片	5g
綠卷生菜	1 小片	橄欖油	適量

作法

1. 鍋中放少許油，放入牛小排煎到邊緣上色後
   取出，放置一下後切成薄片。
2. 把洋蔥絲、蘑菇片放入鍋中煎熟後取出。
3. 在麵包切片上依序擺上洋蔥絲、蘑菇片、牛
   小排、綠卷生菜即完成。

海鮮焗烤時蔬塔丁

材料（1 個份）

		【莎莎醬】	
長棍麵包	1 片	（約 6 個份）	
蝦仁	1-2 隻		
透抽	1-2 圈	番茄醬	50g
玉米筍	半根	濃縮檸檬汁	10g
蘑菇片	3 片	番茄丁	15g
乳酪絲	5g	黃椒	10g
新鮮巴西里	適量	洋蔥丁	10g
		粗粒黑胡椒	1g
		Tabasco	適量

作法

1. 蝦仁、透抽汆燙至熟。
2. 玉米筍、蘑菇片放入鍋中煎熟。
3. 新鮮巴西里切成碎末。
4. 把莎莎醬的所有材料混合均勻，取出 15 公克。
5. 將所有食材堆疊到麵包切片上，用噴槍炙燒表面即完成。

番茄瑪茲瑞拉起司塔丁

材料（1 個份）

長棍麵包	1 片	義式香料	適量
番茄乾	2 片	綠卷生菜	1 小片
瑪茲瑞拉起司	3 片	橄欖油	適量

作法

1. 麵包表面擦上橄欖油。
2. 將瑪茲瑞拉起司與番茄乾交叉疊放到麵包切片上。
3. 擺上綠卷生菜，再撒上義式香料即完成。

鄉村麵包
/ COUNTRY BOULE /

在長棍出現以前，法國人吃的便是這款又圓又大的麵包，
材料只有簡單的「麵粉、鹽、水、酵母」，最是考驗師傅的功力。
龐大的圓滾滾造型，在烘烤時能保存更多水分，
出爐時外脆內軟，散發陣陣麥香。

• 剖面組織 。 Cut

表面的麵粉清楚印出藤籃
紋路，劃過刀的裂痕工整

外層脆硬，中間的組織柔
軟、帶有強韌的彈性

加入裸麥的色澤偏黑，氣
孔細小綿密、分布均勻

• 材料 。 Ingredients

製作分量：5 個【一個 380g】

	重量（g）	百分比（%）
T55 法國麵粉	800	68.7
全麥粉	219	18.8
裸麥粉	146	12.5
鹽	22	1.9

使用模具：直徑 18cm × 高 8cm 的藤籃

	重量（g）	百分比（%）
低糖酵母	7	0.6
水	734	63
總計	1928	165.5

• 製作工法與流程 。 Outline

I 麵團攪拌 → **II 基本發酵 翻面** → **III 分割 中間發酵** → **IV 整型** → **V 最後發酵** → **VI 裝飾 烘烤出爐**

I 麵團攪拌	II 基本發酵 翻面	III 分割 中間發酵	IV 整型	V 最後發酵	VI 裝飾 烘烤出爐
◆ 用低速攪拌成團 ◆ 改中速，攪拌至略可拉出薄膜 ◆ 加鹽，改低速攪拌至無顆粒 ◆ 改中速，攪拌至完成階段	◆ 溫度 30℃、濕度 70% ◆ 基本發酵 45 分鐘 ◆ 翻面 ◆ 延續發酵 45 分鐘	◆ 分割成重 380 公克的麵團 ◆ 分別滾圓 ◆ 溫度 30℃、濕度 70% ◆ 中間發酵 15 分鐘	◆ 整型成圓形 ◆ 放入藤籃	◆ 溫度 30℃、濕度 70% ◆ 最後發酵 45 分鐘	◆ 表面劃切割紋 ◆ 上火 230℃ / 下火 210℃ ◆ 噴蒸氣 3 秒 ◆ 烘烤 25-30 分鐘

• 工法步驟 ◦ Directions

■ I·麵團攪拌 ■

1 攪拌盆中倒入水與酵母攪拌均勻，再加入 T55 法國麵粉、全麥粉、裸麥粉，攪拌器裝入勾型攪拌棒。

2 開始以低速攪拌約 3 分鐘。攪拌到粉狀感消失，再持續攪拌到麵團成團後，改成中速。

3 持續攪拌到取出一小塊麵團可以略微拉出薄膜後，加入鹽，並改成低速繼續攪拌。

3 攪拌至無顆粒後，改成中速攪拌至完成階段。等麵團表面從粗糙到逐漸變得光滑柔軟，原本沾黏的攪拌盆周圍也變得乾淨光亮時，取一小塊麵團出來拉薄膜，洞口的鋸齒狀變得較不明顯。

■ II·基本發酵、翻面 ■

1 工作檯上撒上手粉，將攪拌好的麵團從鋼盆中取出，略微拍扁後翻面，雙手抓起靠近身體的一端向前折到底，手掌再貼著麵團往身體方向推收。

2 轉向 90 度並翻面後，同樣將麵團往前折、收入底部。讓麵團收圓、表面光滑即可。

3 放入已經撒上手粉的烤盤上，放置在溫度 30℃、濕度 70% 的環境下 45 分鐘，做基本發酵。發酵後的麵團明顯癱軟許多。

4 接下來進行翻面。將麵團表面撒上一些手粉，倒扣到工作檯上。抓起四邊整型成長方形，並用十隻手指由上往下按壓，將空氣排出、使厚薄度均勻。

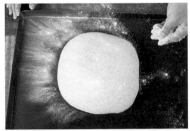

5 將靠近身體這端的麵團往上折 1/3，再將上方麵團往下折到覆蓋住之前的反折處後，壓實。

6 將左邊麵團往右折 1/3，再將右邊麵團往左折到完全覆蓋之前的反折處後，將麵團由下往上翻折，收入底部。

7 將麵團放入已經撒上手粉的烤盤上，放置在溫度 30℃、濕度 70% 的環境下，再延續發酵 45 分鐘。

▌III·分割、中間發酵 ▌

1 取出發酵好的麵團，在上面撒上一些手粉，倒扣到工作檯上，再撒一些手粉，整型成長方形後用十隻手指由上往下按壓，將空氣排出。

② 分割麵團，每一份麵團均分為 380 公克。

③ 將分割出來的麵團拍出空氣後翻面，雙手抓起靠近身體的一端向前折，收入底部，再抓住麵團的上下兩側，順時鐘轉 90 度並翻面，同樣把麵團向前折，收入底部，再用手掌心靠著麵團，繞同方向滾圓。

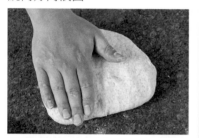

④ 將整型後的麵團放在撒入手粉的烤盤上，放置在溫度 30℃、濕度 70% 的環境下 15 分鐘，做中間發酵。

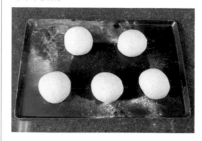

IV·整型

① 在藤籃中均勻撒上 T55 法國麵粉備用。

T·I·P 利用藤籃發酵製作出來的法式麵包，在表面可以製造出自然漂亮的紋路，麵團放入前先撒上麵粉，能讓紋路更加明顯。

② 將發酵過的麵團移到工作檯上，在上面撒上一些手粉，拍打一下將空氣排出。翻面，將光滑面朝下。

③ 將麵團上端往下折一截後，按壓固定。接著轉向 90 度，以拇指按住麵團中心點，將麵團邊緣依序抓捏到中心點後，壓實。

4 翻面後，手掌心靠著麵團，以同方向滾圓到表面呈光滑狀。

5 將麵團收口朝上，放入發酵藤籃中，用手指節稍微按壓。

V · 最後發酵

1 將所有麵團完成整型後，放置在溫度 30℃、濕度 70% 的環境下 45 分鐘，做最後發酵。

VI · 裝飾、烘烤出爐

1 在發酵好的麵團上面撒上手粉後，用拇指及小指扣住發酵藤籃，將麵團倒扣到烤盤上。過程中動作要儘量放輕，以免發酵好的麵團消氣。

2 表面用利刀劃上井字深線。

T·I·P 劃線時速度要快，避免拖刀而導致割痕有鋸齒痕。

3 放入已經預熱至上火 230℃ / 下火 210℃ 的烤箱中，噴蒸氣 3 秒，烘烤 25-30 分鐘至表面呈金黃色即可取出待涼。

洛代夫麵包

/ PAIN DE LODÈVE /

發源自南法小鎮的洛代夫，在當地被稱為「Pain Paillasse」，
意指麥稈編的籃子，以前會用來放置要發酵的麵團。
由於含水量極高，麵團癱軟、不易操作，
製作時不另秤重和整型，發酵完直接進爐烘烤。

• 剖面組織 。 Cut

側面扁平，表面有劃刀後
裂開的痕跡及自然的裂紋

外層薄脆，中間的組織相
當濕潤，充滿彈性

氣孔均勻，可以看到清
楚、紮實的薄膜

• 材料 。 Ingredients

製作分量：9 個【一個約 190g 】

	重量（g）	百分比（%）
T55 法國麵粉	800	100
鹽	20	2.5
低糖酵母	2	0.3
水 A	560	70

	重量（g）	百分比（%）
水 B（後加水）	160	20
老麵種	224	28
總 計	1766	220.8

* 老麵種製作方法請參照 P24

• 製作工法與流程 。 Outline

I 麵團攪拌	II 基本發酵 翻面	III 分割	IV 最後發酵	V 裝飾 烘烤出爐

◆麵粉與水攪拌成團
後鬆弛 30 分鐘

◆加酵母與老麵種攪
拌至擴展階段

◆加鹽攪拌均勻

◆分次加水，攪拌至
完成階段

◆室溫發酵 60 分鐘
後翻面

◆延續發酵 60 分鐘
後再翻面

◆再發酵 60 分鐘

◆不需秤重，分割成
9 個

◆室溫發酵 20 分鐘

◆表面劃切割紋

◆上火 240℃ / 下火
220℃

◆噴蒸氣 3 秒

◆烘烤 16 分鐘

• 工法步驟 ○ Directions

▌ I · 麵團攪拌 ▐

1 攪拌盆中加入 560 公克的水 A，倒入 T55 法國麵粉，攪拌器裝入勾型攪拌棒，以低速開始攪拌。攪拌到粉狀感消失後，將沾黏在盆邊的麵團刮下，轉成中速攪拌成團後，蓋上蓋子，於室溫下靜置 30 分鐘鬆弛。

2 鬆弛過後的麵團會呈現攤開的狀態。與未鬆弛前相比，延展度較高。

3 再加入低糖酵母以及老麵種，先以低速攪拌成團，再改成中速繼續攪拌至擴展階段，此時麵團會變光滑，而且可以拉出薄膜。

4 加入鹽，以低速攪拌均勻後，將 160 公克的水 B 分三次加入，邊加入邊攪拌，讓麵團與水融合後，改成中速攪拌，從加水這個階段開始，大約要攪拌 6 分鐘左右，直到表面從粗糙到逐漸變得光滑柔軟，原本沾黏的攪拌盆周圍也變得乾淨光亮。

5 取一小塊麵團出來，若可以拉出透光的薄膜，且洞口光滑無鋸齒狀，此外，麵團的延展性極佳，拉長時不易斷裂，就表示麵團已經達到完成階段。

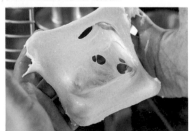

◼ II · 基本發酵、翻面 ◼

1 工作檯上撒上手粉，取出攪拌好的麵團，在麵團上面撒些手粉避免黏手。

2 從上下兩側向上抓起麵團，順時鐘轉 90 度（雙手在左右兩側），將麵團往前折、收入底部。

T·I·P 一開始麵團會比較黏，可以利用刮板輔助。

3 再重複相同動作，直到麵團收圓、表面光滑。

4 放入撒上手粉的烤盤上，在麵團表面也撒些手粉後輕輕拍一拍，放置在室溫（夏季約 25℃、冬季約 23℃）下發酵 60 分鐘。

T·I·P 為避免乾燥結皮，可蓋上塑膠袋或放在鋼盆中，再鋪上擰乾的濕抹布。

5 接下來進行第一次翻面。將麵團取出，表面撒上一些手粉後，倒扣到工作檯上，再撒些手粉，抓起四邊整型成方形後，用手掌心輕拍，將空氣排出。

6 將靠近身體的麵團往上折 1/3，再將上方麵團往下折到覆蓋住之前的反折處後壓實。將左邊麵團往右折 1/3，再將右邊麵團往左折到覆蓋住之前的反折處後壓實。

7 將麵團從上往下翻折到底，輕捧麵團往身體方向推收，收至表面光滑。

8 翻面完的麵團放入已經撒上手粉的烤盤上，放置在室溫下發酵 60 分鐘。

9 依照相同方法，重複第二次翻面動作。完成後，放置在室溫下發酵 60 分鐘。圖片為發酵後的模樣。

■ III·分割 ■

1 在木板上鋪入發酵專用帆布並撒上手粉備用。

2 取出發酵好的麵團，在上面撒上一些手粉，拍打一下麵團，幫助空氣排出，接著倒扣到工作檯上，再撒上一些手粉，抓起四邊整型成方形後，用十隻手指由上往下按壓，將空氣排出。

3 分割麵團，每一份大小差不多即可，不需秤重。大概可以分割成 9 份。

4 將分割好的麵團放入帆布中，三個為一排，一排擺好後將帆布折出細長凹槽再放下一排，麵團間需留置適當距離，並撒些手粉，最後在上方蓋上帆布。

▌IV·最後發酵▐

1 放置在室溫下 20 分鐘,做最後發酵。圖片為最後發酵完成的模樣。

▌V·裝飾、烘烤出爐▐

1 將發酵完成的麵團移到烤盤上。均勻撒上高粉,表面用利刀劃深線。

T·I·P 劃線時速度要快,避免拖刀而導致割痕有鋸齒狀。

2 放入已經預熱至上火 240℃ / 下火 220℃的烤箱中,噴蒸氣 3 秒,烘烤 16 分鐘至表面呈金黃色即可取出放涼。

牛角可頌

/ CROISSANT /

據說牛角可頌一開始的起源，其實是在 17 世紀末的奧地利，
當時麵包師傅為了慶祝成功攔截奧斯曼土耳其帝國的突襲，
以代表奧斯曼的新月形旗幟製作出了這款麵包，所以又稱為「新月麵包」。
後來到了 18 世紀，才隨著瑪莉皇后嫁入法國而發揚光大。

• 剖面組織 。 Cut

外層酥脆，刷過蛋液後的
烤色金黃

組織的氣孔均勻，有明顯
薄膜，摸起來軟綿有彈性

切開後的剖面呈現一圈一
圈的規則紋路

• 材料 。 Ingredients

製作分量：40 個【一個 40g】

麵團	重量（g）	百分比（%）
T55 法國麵粉	800	100
細砂糖	80	10
鹽	16	2
無鹽奶油	40	5
水	400	50
高糖酵母	10	1.2

	重量（g）	百分比（%）
裹入油	440	55
總計	1786	223.2

裝飾	重量（g）	百分比（%）
全蛋液	適量	-

• 製作工法與流程 。 Outline

I 麵團攪拌	→	II 裹油 三折疊	→	III 分割 整型	→	IV 最後發酵	→	V 裝飾 烘烤出爐

- 使用低速，攪拌至無顆粒感
- 改中速，攪拌至質地均勻
- 壓平後，冷藏 60 分鐘

- 麵團包覆裹入油、擀壓
- 三折疊兩次，冷藏 60 分鐘
- 再三折疊一次，冷藏 60 分鐘

- 擀至厚度 0.4 公分
- 分割成 10×21 公分的三角形
- 捲成牛角狀

- 溫度 27℃、濕度 65%
- 最後發酵 50 分鐘

- 表面刷蛋液
- 上火 210℃ / 下火 160℃，烤 20-22 分鐘

• 工法步驟 ○ Directions

I · 麵團攪拌

1 攪拌盆中先放入 T55 法國麵粉、細砂糖、鹽、放置室溫回軟的無鹽奶油，將水與酵母混合均勻後，倒入攪拌盆中。

2 勾型攪拌棒裝入攪拌器中，開始以低速攪拌約 3 分鐘。等粉狀感消失、成團後，改成中速攪拌約 5 分鐘。攪拌到取一小塊麵團出來，可以拉出薄膜、尚有些許鋸齒狀的程度即可，不需要攪拌到完全光滑。

3 將攪拌好的麵團從攪拌盆中取出，用雙手稍微壓平後，蓋上塑膠袋，再繼續用雙手將麵團盡可能壓扁。接著放入冰箱冷藏 60 分鐘以上。

II · 裹油、三折疊

1 取出冷藏過的麵團，以擀麵棍擀成比裹入油略大後，放上軟硬度和麵團一致的裹入油，並將麵團的四邊擀壓變長。

2 先將麵團的一角往中心摺疊，另外的三邊依序往中心摺放，略微整型，讓麵團完全包覆住中間的裹入油。

3 十字的對角線摺合處先用擀麵棍按壓緊實後，為了讓麵團與裹入油緊密結合，用擀麵棍縱向、橫向的按壓整片麵團。

4 將裹好油的麵團擀壓成厚度0.4公分、長60公分的長條狀。最後將兩端不平整的邊切除。

T·I·P 此處使用丹麥機壓平麵團，速度快、操作容易，但在自家製作時因為量較少，使用擀麵棍擀開即可。

5 將麵團從兩邊往中間折成三折後，將麵團轉90度，再次擀壓並三折，以塑膠袋包覆，放冰箱冷藏60分鐘。取出後，重複一次擀成長條狀、三折的動作，再冷藏60分鐘。

T·I·P 在擀壓的過程中，如果麵團過軟，可以用塑膠袋包覆起來，放到冷凍庫降溫後，再取出繼續操作。

III·分割、整型

1 麵團取出後，再次將麵團擀壓成長60公分、厚度約0.4公分的長條狀後，以尺在每10公分處做一個標記，再等切成每個寬10公分、邊長21公分的三角形。

2 將麵團拉長，並從較寬處開始往前捲收，邊捲邊拉，直到完全捲完為止。

■ IV · 最後發酵

1 所有麵團整型成牛角狀後，放置在溫度 27℃、濕度 65% 的環境下 50 分鐘，做最後發酵。

■ V · 烘烤出爐

1 取出發酵完成的麵團，在每個麵團的表面均勻塗抹全蛋液，放入已經預熱至上火 210℃ / 下火 160℃ 的烤箱中，烘烤 20-22 分鐘即可取出。

• 裹入油 •

裹入油指的是在製作可頌、丹麥等裹油類麵包時，包入麵團中的片狀奶油。可以在烘焙材料行購買，或是自己將無鹽奶油切片後整成正方形使用。製作裹油麵包的過程中，奶油需保持軟硬度和麵團差不多的固態，所以必須在溫度低的地方進行，一旦軟化就要先回冰箱降溫。由於使用量大，建議選擇品質好一點的。

❮ 切達起司火腿可頌三明治 ❯

材料（1個份）

牛角可頌	1個
切達起司片	1片
火腿片	2片
大番茄	適量
芝麻葉	適量

作法

1. 芝麻葉洗淨瀝乾；切達起司片和火腿片對半切；大番茄切下兩薄片。
2. 用刀子從中間將牛角可頌橫切成兩半，不用切斷。
3. 依序夾入芝麻葉、火腿片、起司片、大番茄片後，即可食用。

CHOCOLATE CROISSANT —

巧克力可頌

難易度 ★★★★★

一個可頌一杯咖啡，在法國當地可以說是最常見的早餐組合。
裹油後擀開的製作過程，和丹麥麵包沒有太大的差異，
只是相較於常常搭配水果、做成甜點般精緻繽紛模樣的丹麥麵包，
可頌通常直接吃、做成三明治或包入少許內餡，屬於樸實的日常美食。

• 剖面組織 。 Cut

| 外層酥脆，刷過蛋液後的顏色金黃 | 組織的氣孔均勻，有明顯薄膜，摸起來軟綿有彈性 | 呈一圈圈的規則紋路，最中間帶少許巧克力 |

• 材料 。 Ingredients

製作分量：40 個【一個 40g】

麵團	重量（g）	百分比（%）
T55 法國麵粉	800	100
細砂糖	80	10
鹽	16	2
無鹽奶油	40	5
水	400	50
高糖酵母	10	1.2
裹入油	440	55
總 計	1786	223.2

內餡與裝飾	重量（g）	百分比（%）
巧克力條	80 個	-
全蛋液	適量	-

• 製作工法與流程 。 Outline

I 麵團攪拌 → II 裹油 三折疊 → III 分割 整型 → IV 最後發酵 → V 裝飾 烘烤出爐

◆ 使用低速，攪拌至無顆粒感
◆ 改中速，攪拌至質地均勻
◆ 壓平後，冷藏 60 分鐘

◆ 麵團包覆裹入油、擀壓
◆ 三折疊兩次，冷藏 60 分鐘
◆ 再三折疊一次，冷藏 60 分鐘

◆ 擀成厚度 0.4 公分
◆ 平均分割成 8×11 公分的長方形
◆ 包入巧克力條

◆ 溫度 27℃、濕度 65%
◆ 最後發酵 50 分鐘

◆ 表面刷蛋液
◆ 上火 210℃ / 下火 160℃，烤 20-22 分鐘

• 工法步驟 。 Directions

▌ I · II · 麵團製作與裹油 ▌

1 可頌麵團的製作方法，請詳見可頌的工法步驟（P54-55）。

▌ III · 分割、整型 ▌

1 取出冷藏後的麵團，再次將麵團擀壓成長 60 公分、厚度約 0.4 公分的長條狀。展開後，等切成每個寬 8 公分，約等於一條巧克力棒的寬度。

2 將麵團依序切分成 8 公分的寬度後，接著再對切一半成寬 8 公分、長 11 公分的長方形。

3 在最上方放入一條巧克力棒，往下先捲一折。

4 再放入另一條巧克力棒，繼續捲折，直到麵團捲完為止。

▌ IV · 最後發酵 ▌

1 依序捲好所有麵團後，將接合處朝下，放置在溫度 27℃、濕度 65% 的環境下，做最後發酵 50 分鐘。

▌ V · 裝飾、烘烤出爐 ▌

1 取出最後發酵完成的麵團，在表面均勻塗抹上全蛋液，放入已經預熱至上火 210℃ / 下火 160℃ 的烤箱中，烘烤 20-22 分鐘即可取出。

皇冠布里歐

/ BRIOCHE /

本屬於平民的布里歐，源自法國北方、盛產奶油的諾曼地，
卻在 16 世紀奶油稅徵收後，一躍成了代表階級和財富的食物。
布里歐有很多形狀，最常見的是做成不倒翁般的兩個小圓，
此處要示範的，則是做法簡單又特別的皇冠造型。

• 剖面組織 。 Cut

| 表面光亮，用剪刀剪過的
開口翹起，繞成一圈皇冠 | 奶油含量高，組織蓬鬆柔
軟、呈帶有光澤的淡黃色 | 外皮薄，中間的氣孔小而
多、分布均勻，奶香濃厚 |

• 材料 。 Ingredients

製作分量：11 個【一個 150g】

麵團	重量（g）	百分比（%）
高筋麵粉	800	100
細砂糖	106	13.2
鹽	8	1
高糖酵母	10	1.2
牛奶	264	33
雞蛋	264	33

	重量（g）	百分比（%）
無鹽奶油	300	37.5
總計	1752	218.9

裝飾	重量（g）	百分比（%）
珍珠糖	適量	-
全蛋液	適量	-

• 製作工法與流程 。 Outline

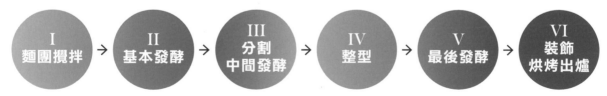

I 麵團攪拌 → **II 基本發酵** → **III 分割 中間發酵** → **IV 整型** → **V 最後發酵** → **VI 裝飾 烘烤出爐**

- 用低速攪拌成團
- 改中速，攪拌至擴展階段
- 加入奶油，攪拌至完成階段

- 溫度 30℃、濕度 70%
- 基本發酵 50 分鐘

- 平均分割成重 150 公克的麵團
- 分別滾圓
- 溫度 30℃、濕度 70%
- 中間發酵 30 分鐘

- 整形成圓圈狀

- 溫度 30℃、濕度 70%
- 最後發酵 50 分鐘

- 刷蛋液、撒珍珠糖、剪造型
- 上火 180℃ / 下火 180℃，烤 8 分鐘
- 烤盤前後對調，上火 160℃ / 下火 180℃，烤 5 分鐘

• 工法步驟 ◦ Directions

▌I · 麵團攪拌 ▌

1 攪拌盆中倒入牛奶、打散的雞蛋液,以及高筋麵粉、細砂糖、鹽、酵母,攪拌器裝入勾型攪拌棒,開始以低速攪拌。此時可以將放置室溫的奶油切成小塊備用。

2 攪拌到粉狀感消失、麵團成團後,改中速繼續攪拌。持續攪拌到表面從粗糙到逐漸變得光滑柔軟,原本四周沾黏麵糊的攪拌盆也變得乾淨光亮。取出一小塊麵團輕拉出薄膜,如果呈半透明、洞口邊緣為鋸齒狀,即表示到達擴展階段,可加入奶油繼續攪拌。

T·I·P 加入奶油攪拌後,麵團中心的溫度不能高於 26℃,避免出油難以操作。

3 取一小塊麵團出來拉出薄膜,若洞口平滑、幾乎沒有鋸齒狀,就表示麵團已經打到完成階段。

▌II · 基本發酵 ▌

1 將攪拌好的麵團放到工作檯上,從上下兩側向上抓取後,順時鐘轉 90 度(雙手轉到左右兩側),往前折、收入底部。

2 再重複相同動作,將麵團往前折、收入底部,直到麵團收圓、表面光滑即可。

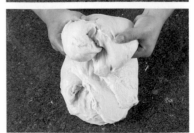

3 麵團滾圓後，移入烤盤，放置在溫度 30℃、濕度 70% 的環境下 50 分鐘，做基本發酵。圖片為基本發酵完成的模樣。

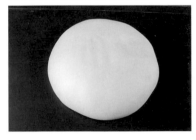

III·分割、中間發酵

1 將基本發酵好的麵團取出，倒扣到工作檯上，抓起四邊整型成長方形，並用十隻手指由上往下按壓，將空氣排出。分割麵團，每一份麵團約為 150 公克。

T·I·P 麵包在製作過程中會產生一些損耗，所以在分割、秤重時多抓 1-3 公克也不要緊。

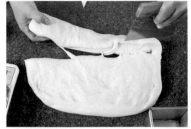

2 將分割好的麵團從靠近身體的那側向前折、收入底部，接著 90 度轉向並翻面後，同樣向前折、收入底部。用手掌心靠著麵團以同方向滾圓即可。

3 將所有麵團滾圓後放入烤盤。放置在溫度 30℃、濕度 70% 的環境下 30 分鐘，做中間發酵。

IV·整型

1 取出中間發酵後的麵團，稍微滾圓後，用掌心略向下拍壓。

2 用拇指在麵團中間下壓出一個小洞，這時旁邊麵團會產生氣泡，用掌心將氣泡拍掉。接著轉動放在洞中的拇指，將小洞逐漸擴大。

3 拿起麵團後，將兩隻手的拇指穿過麵團，開始轉動，將中間的洞擴大。

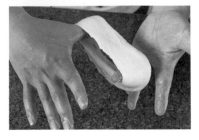

4 將麵團放回工作檯上，較粗糙的反面朝上。接著沿著麵團外圈，將外側往中心翻折，讓表面呈現光滑狀態。

5 將麵團收緊後，略微整型成圓環狀。

B·O·X 整形也可以用另外一種方式。

1 將麵團拍扁後翻面，略微整型成長方形後，由上往下邊捲邊壓實，再將麵團搓滾成長條形。

2 接著將麵團的一端壓扁，放上另一端的麵團後，從外往內將麵團折起來向內收。做出一個圈狀即可。

■ V·最後發酵 ■

1 將所有麵團陸續整型完成，即可放入烤盤中。放置在溫度30℃、濕度70%的環境下50分鐘，做最後發酵。

■ VI·裝飾、烘烤出爐 ■

1 事先準備好全蛋液，用毛刷沾裹蛋液，均勻刷至發酵好的麵團表面，再於麵團外圍撒上一圈珍珠糖。

3 最後放入已經預熱至上火180℃/下火180℃的烤箱中，烘烤8分鐘後，取出烤盤前後對調，再放入烤箱中，上火改160℃，繼續烤5分鐘至表面呈金黃色即可取出。

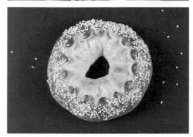

2 用剪刀沾裹蛋液，在麵團上面以45度角剪出皇冠的尖角造型。其他麵團也陸續完成。

加入大量奶油的布里歐麵包，用手撕開時，可明顯感受到它的蓬鬆與柔軟。

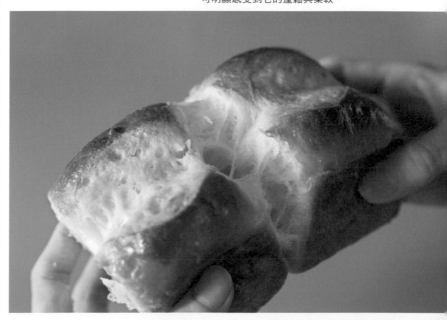

布里歐吐司

/ BRIOCHE NANTERRE /

濕軟的布里歐麵團較難操作，做成吐司相對簡單得多。
布里歐吐司又稱「南泰爾布里歐」，來自巴黎近郊一個小鎮。
雖然同樣含有大量奶油，但加入麵團中拌勻的工法，
和可頌、丹麥的裹油方式是兩個世界。

• 剖面組織。 Cut

| 表面光亮，頂端剪開的刀痕裂成漂亮的 V 字 | 外皮薄，中間的組織鬆軟、濕潤度高，呈淡黃色 | 整體蓬鬆，氣孔多而細小、分布均勻，奶香濃厚 |

• 材料。 Ingredients

製作分量：6 條【一條 270g、吐司模尺寸：長 17.5× 寬 8× 高 7cm】

麵團	重量（g）	百分比（%）
高筋麵粉	800	100
細砂糖	106	13.2
鹽	8	1
高糖酵母	10	1.2
牛奶	264	33
雞蛋	264	33

	重量（g）	百分比（%）
無鹽奶油	300	37.5
總 計	1752	218.9

裝飾	重量（g）	百分比（%）
全蛋液	適量	-

• 製作工法與流程。 Outline

I 麵團攪拌 → **II 基本發酵** → **III 分割 整型入模** → **IV 最後發酵** → **V 裝飾 烘烤出爐**

- I 麵團攪拌
  - 用低速攪拌成團
  - 改中速，攪拌至擴展階段
  - 加入奶油，攪拌至完成階段
- II 基本發酵
  - 溫度 30℃、濕度 70%
  - 基本發酵 50 分鐘
- III 分割整型入模
  - 分割成重 90 公克的麵團
  - 分別滾圓後入模
- IV 最後發酵
  - 溫度 30℃、濕度 70%
  - 最後發酵 90 分鐘
- V 裝飾烘烤出爐
  - 刷蛋液、剪直線
  - 上火 180℃ / 下火 180℃，烤 10 分鐘
  - 烤盤前後對調，上火 160℃ / 下火 180℃，烤 8 分鐘

• 工法步驟 ○ Directions

▌I‧II‧麵團製作 ▐

1 布里歐麵團的製作方法,請詳見皇冠布里歐的工法步驟(P64-65)。

▌III‧分割、整型入模 ▐

1 將基本發酵好的麵團取出,倒扣到工作檯上,抓起四邊整型成長方形,並用十隻手指由上往下按壓,將空氣排出。分割麵團,每一份麵團約為 90 公克。

2 將分割好的麵團,用手掌圈住後以同方向畫圓的方式,進行滾圓動作。

3 將滾圓後的麵團底部翻過來,一邊轉動一邊捏折,把底部往中心收到完全緊實。

4 烤模事先噴上烤盤油備用。麵團底部朝下,放入烤模中。一個烤模放入 3 顆麵團。

▌IV‧最後發酵 ▐

1 將放入烤模的麵團放置在溫度 30℃、濕度 70% 的環境下 90 分鐘,做最後發酵。

▌V‧裝飾、烘烤出爐 ▐

1 取出發酵好的麵團,用毛刷沾裹全蛋液,均勻刷至發酵好的麵團表面,再用剪刀在每個麵團的中間剪一刀。

2 放入已經預熱至上火 180℃ / 下火 180℃的烤箱中,烘烤 10 分鐘後,取出烤盤前後對調,再放入烤箱中,上火改 160℃,繼續烤 8 分鐘至表面呈金黃色即可。

調理 how to ✕ cook ! 吃法

水煮蛋 培根三明治

材料（1 個份）

布里歐吐司	2 片
	（2cm 厚）
水煮蛋	4 片
培根	1 條
大番茄	1 片
奶油	少許
美奶滋	10g

作法

1. 將水煮蛋切成圓片約 4 片。
2. 鍋中放少許奶油加熱融化，再放入培根煎至上色後取出。
3. 接著將布里歐吐司放入同一個鍋中煎至兩面金黃。
4. 吐司上依序擺放番茄片、水煮蛋、培根和美奶滋，再蓋上另一片吐司即完成。

德國

Germany

根據統計，德國每年的麵包銷量居歐陸之冠。
在寒冷的北方以適合搭配料理的酸味麵包為主，
而到了盛產小麥的南方，則提高了麵粉的用量，
大大小小的麵包種類加總超過 1200 種，
在麵包發展史上貢獻良多。

玫瑰麵包

/ ROSENSEMMEL /

用裸麥天然酵母液製作出來的這款麵包，
因為表面自然龜裂的紋路像玫瑰花瓣而得名。
高水量的濕潤口感有別於一般歐式麵包，
咀嚼後散發天然酸味與香氣。

• 剖面組織。Cut

外表有著自然龜裂的紋路，
撒上麵粉後更清楚漂亮

富有濃郁裸麥酸氣

氣孔小而緊密，內部組織
紮實綿密

• 材料。Ingredients

製作分量：4 個【一個 470g】

	重量（g）	百分比（%）
T55 法國麵粉	350	35
細裸麥粉	650	65
鹽	20	2
低糖酵母	2	0.2
酸種	150	15

	重量（g）	百分比（%）
橄欖油	30	3
水	700	70
麥芽精	3	0.3
總計	1905	190.5

* 酸種製作方法請參照 P25

• 製作工法與流程。Outline

| I 麵團攪拌 | II 基本發酵 | III 分割整型 | IV 最後發酵 | V 裝飾烘烤出爐 |

- ◆用低速攪拌成團
- ◆改中速攪拌至光滑

- ◆溫度 30℃、濕度 70%
- ◆基本發酵 60 分鐘

- ◆平均分割成重 470 公克的麵團
- ◆整型成圓形

- ◆溫度 30℃、濕度 70%
- ◆最後發酵 75 分鐘

- ◆上火 240℃ / 下火 210℃，烤 6 分鐘
- ◆上火 220℃ / 下火 0℃，烤 6 分鐘
- ◆上火 0℃ / 下火 0℃，用餘溫烘烤 33 分鐘

• 工法步驟 ∘ Directions

I·麵團攪拌

1 攪拌盆中先放入 T55 法國麵粉、細裸麥粉、酵母、鹽，再倒入拌勻的橄欖油、水、麥芽精以及酸種，攪拌器裝入勾型攪拌棒，以低速開始攪拌，攪拌時間大約為 2 分鐘。

2 攪拌到粉狀感消失、成團後，改成中速攪拌約 4 分鐘到擴展階段。攪拌到原本沾黏的攪拌盆周圍變得乾淨光亮，且麵團表面的粗糙感消失，變得稍微光滑柔軟即完成。

II·基本發酵

1 將攪拌好的麵團從鋼盆中取出，移至烤盤中。放置在溫度 30℃、濕度 70% 的環境下 60 分鐘，做基本發酵。圖片為發酵後的樣子。

III·分割、整型

1 將基本發酵好的麵團移至工作檯上，撒上手粉，略微拍扁。分割麵團，每一份麵團約為 470 公克。

2 工作檯上撒上手粉，再放上分割出來的麵團，雙手用畫圓的方式稍微轉動麵團，並將麵團底部翻過來，以中心為基準點，用手指順時鐘在麵團上壓一圈。

3 再將麵團放回工作檯上滾圓，收口處集中在底部。

T·I·P 要讓製作出來的成品表面呈現猶如玫瑰花般的自然紋路，訣竅在於麵團滾圓整型時，一定要全部集中在底部做收口動作。

② 放入已經預熱至上火 240℃ /下火 210℃的烤箱中烘烤 6 分鐘，改成上火 220℃、關下火烘烤 6 分鐘，再將上下火都關閉，用餘溫烘烤 33 分鐘即完成。

▓ IV·最後發酵 ▓

① 將其他麵團陸續整型完成，放到發酵專用帆布上。放置在溫度 30℃、濕度 70% 的環境下 75 分鐘，做最後發酵。

T·I·P 麵團間必須保留適當間距，以供之後發酵膨脹。

▓ V·裝飾、烘烤出爐 ▓

① 將發酵好的麵團翻面，讓原本的底部朝上，這時候的麵團會出現明顯紋路。在發酵好的麵團上均勻撒上高粉。

史多倫麵包

難易度 ★★★★★

象徵襁褓中耶穌的形狀、代表聖誕節的史多倫麵包，
目前最早的出現紀錄，是在 1329 年給主教的聖誕獻禮。
在發源地的德勒斯登，每年都會舉辦「史多倫嘉年華（Stollenfest）」，
由馬車載著重達數噸的巨型史多倫麵包登場。
傳統的史多倫做法含有大量油脂、糖分，可保存一年不變質。

• 剖面組織 。 Cut

外層裹覆糖霜，典雅中不
失貴氣，樸實而華麗

氣孔細緻，內部組織化口
性佳，像蛋糕般綿密

含有大量醃漬果乾，杏仁
膏融合麵團，香氣豐富

• 材料 。 Ingredients

製作分量：3 個【一個 450g】

主麵團	重量（g）	百分比（%）
T55 法國麵粉 _ 中種用	110	30
高糖酵母 _ 中種用	7	1.8
牛奶 _ 中種用	110	30
無鹽奶油	130	35
檸檬皮	8	2
細砂糖	74	20
T55 法國麵粉	260	70
鹽	6	1.5
牛奶	30	8
蛋黃	20	5
醃漬果乾（製作方法詳見 P83）	622	168
總 計	1377	371.3

內餡與裝飾	重量（g）	百分比（%）
杏仁膏	120	-
糖粉	適量	-
澄清奶油	適量	-

• 製作工法與流程 。 Outline

I 麵團攪拌 → II 基本發酵 → III 分割 中間發酵 → IV 整型 最後發酵 → V 烘烤出爐 → VI 裝飾 包裝

- 奶油、檸檬皮、細
  砂糖打發至泛白
- 中種麵團拌勻後靜
  置 30 分鐘
- 主麵團攪拌至柔軟
  光滑
- 加入醃漬水果略微
  拌勻

- 溫度 30℃、濕度
  70%
- 基本發酵 60 分鐘

- 平均分割成重 450
  公克的麵團
- 溫度 30℃、濕度
  70%
- 中間發酵 30 分鐘

- 整型成長棍馬槽狀
- 溫度 30℃、濕度
  70%
- 最後發酵 90 分鐘

- 上火 190℃ / 下火
  160℃，烤 15 分鐘
- 上火 180℃ / 下火
  0℃，烤 15 分鐘
- 上火 0℃ / 下火
  0℃，用餘溫烘烤
  20 分鐘

- 反覆淋油、裹糖粉
- 用保鮮膜和鋁箔紙
  密封保存

• 工法步驟 ◦ Directions

▊ I · 麵團攪拌

1 攪拌盆中先放入在室溫下回軟的奶油、檸檬皮、細砂糖，一起攪拌至奶油呈現反白狀態後，取出備用。

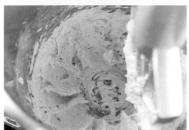

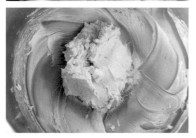

3 再將其他的 T55 法國麵粉倒入步驟 2 的盆中，再倒入步驟 1 的材料以及事先拌勻的鹽、牛奶、蛋黃，靜置 30 分鐘。

4 觀察麵粉，呈現自然的粉裂狀態後，以低速攪拌約 2 分鐘至麵團成團、再以中速攪拌約 2 分鐘。攪拌到原本沾黏的攪拌盆周圍變得乾淨光亮，且麵團表面變得光滑柔軟，取一小塊出來，拉扯時有彈性即完成。

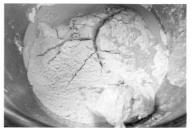

5 倒入事先以蘭姆酒浸泡醃漬過並瀝乾水分的醃漬果乾，用低速略微攪拌約 2 分鐘即可。

2 取一個乾淨的攪拌盆，先放入中種用的 T55 法國麵粉、酵母、牛奶，攪拌器裝入勾型攪拌棒，以低速攪拌至看不到粉末，即為中種麵團。

■ II · 基本發酵

1 將麵團從盆中取出，放入烤盤中。放置在溫度 30℃、濕度 70% 的環境下 60 分鐘，做基本發酵。圖片為發酵後的樣子。

■ III · 分割、中間發酵

1 將發酵好的麵團取出，略微拍扁後，分割麵團，每一份麵團約為 450 公克，並將分割出來的麵團拍出空氣。

2 放置在溫度 30℃、濕度 70% 的環境下 30 分鐘，做中間發酵。

■ IV · 整型、最後發酵

1 將鬆弛過的麵團用手掌稍微壓扁整成長方形，用擀麵棍將麵團從中間往上下擀開後翻面，把靠近身體的麵團往上反折 1/3，再將上方的麵團往下折，稍微重疊在之前的反折處。

2 擀麵棍壓在中間折痕處，並往上下滾動擀壓出一個凹槽後，放入搓成長條狀的杏仁膏，一條杏仁膏為 40 公克。

3 將上方隆起部分的麵團往下折後，以擀麵棍在麵團上方約 1/3 處輕壓出凹痕。其他麵團陸續整型完成後，放入烤盤中。

4 放置在溫度 30℃、濕度 70% 的環境下 90 分鐘，做最後發酵。

■ V · 烘烤出爐

1 將發酵好的麵團放入已經預熱至上火 190℃ / 下火 160℃ 的烤箱中，烘烤 15 分鐘，改成上火 180℃、關下火烘烤 15 分鐘，再將上下火都關閉，用餘溫烘烤 20 分鐘即可。

▌VI・裝飾、包裝

1 在烤好的麵包上，趁熱均勻淋上澄清奶油，再均勻裹上一層糖粉，拍除多餘的糖粉後，再重複淋奶油、裹糖粉這個動作。

T·I·P 澄清奶油的作法，是將無鹽奶油加熱至沸騰、放涼後再加熱、過濾而成。

2 等到裝飾完成的麵包冷卻後，將麵包分別用保鮮膜封起來，為杜絕與空氣接觸，再以鋁箔紙包裹起來即完成。

・醃漬果乾。

醃漬果乾所使用的酒，酒精濃度必須在40％以上，且必須浸泡至少3個月以上，香氣及風味才能真正凸顯，也讓製作出來的麵包保存期更長。

材料

	重量（g）	百分比（％）
葡萄乾	313	50
橘皮	125	20
杏仁粒	188	30
蘭姆酒	總重的一半	-
總計	625	100

＊此處為實際百分比

製作方法

將葡萄乾、橘皮、杏仁粒浸泡於蘭姆酒中即可。

啤酒麵包

難易度 ★★★★

根據統計，德國光啤酒的種數就佔了全球三分之一，
如此熱愛啤酒的民族，也將這股熱情運用到了麵包中。
在麵包中使用加入「烘焙麥芽」而製成的黑啤酒，
出爐後的口感濃烈、層次豐富，表皮帶有獨特脆口風味。

• 剖面組織 。 Cut

| 表層布滿自然形成、不規則的龜裂紋路 | 外皮硬實脆口，中間的組織柔軟有彈性 | 氣孔小，分布緊密紮實，帶有酒香及麥香甘味 |

• 材料 。 Ingredients

製作分量：4 個【一個 450g】

麵包麵團	重量（g）	百分比（%）
T55 法國麵粉	900	90
純黑裸麥粉	100	10
鹽	22	2.2
黑啤酒	200	20
水	350	35
麥芽精	6	0.6
橄欖油	30	3
酸種	200	20
總 計	1808	180.8

* 酸種製作方法請參照 P25

啤酒麵皮	重量（g）	百分比（%）
T55 法國麵粉	120	37
鹽	4	1
細砂糖	31	9.4
低糖酵母	2	0.6
黑啤酒	80	25
水	70	21
無鹽奶油	20	6
總 計	327	100

* 此處為實際百分比

• 製作工法與流程 。 Outline

| I 製作啤酒麵皮 | → | II 麵團攪拌 | → | III 基本發酵 | → | IV 分割中間發酵 | → | V 整型最後發酵 | → | VI 裝飾烘烤出爐 |

I 製作啤酒麵皮
- 將材料拌勻後靜置 40 分鐘

II 麵團攪拌
- 用低速攪拌成團
- 改中速攪拌至光滑

III 基本發酵
- 溫度 30℃、濕度 70%
- 基本發酵 60 分鐘

IV 分割中間發酵
- 平均分割成重 450 公克的麵團
- 分別滾成橢圓形
- 溫度 30℃、濕度 70%
- 中間發酵 30 分鐘

V 整型最後發酵
- 整型成長棍形
- 溫度 30℃、濕度 70%
- 最後發酵 60 分鐘

VI 裝飾烘烤出爐
- 表面擦上啤酒麵皮糊
- 上火 240℃ / 下火 210℃，烤 6 分鐘
- 上火 0℃ / 下火 0℃，用餘溫烘烤 34 分鐘

• 工法步驟 ∘ Directions

▌I · 製作啤酒麵皮

1 攪拌盆中先放入 T55 法國麵粉、鹽、細砂糖、酵母,再加入黑啤酒、水、融化的奶油後,開始攪拌。

2 攪拌均勻後在上面覆蓋一層保鮮膜,在表面戳洞,靜置 40 分鐘,即為之後要塗抹在麵團表面的啤酒麵皮糊。

T·I·P 製作好的麵糊,可放置在 26℃的室溫中,如果室溫溫度過高,可以放入冰箱冷藏,待要用時再取出。

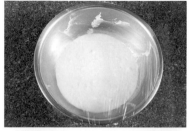

▌II · 麵團攪拌

1 取一個乾淨的攪拌盆,先放入 T55 法國麵粉、純黑裸麥粉、鹽,再加入黑啤酒、水、麥芽精、橄欖油以及酸種。

2 攪拌器裝入勾型攪拌棒,先以低速攪拌麵團約 2 分鐘至成團,再改中速攪拌約 6 分鐘至光滑的擴展階段。攪拌到原本沾黏的攪拌盆周圍變得乾淨光亮,且麵團表面的粗糙感消失時,取一小塊出來,可以拉出孔洞有鋸齒狀的薄膜即完成。

▌III · 基本發酵

1 將攪拌好的麵團放在烤盤上,稍微整理形狀並輕拍。放置在溫度 30℃、濕度 70% 的環境下 60 分鐘,做基本發酵。

■ IV・分割、中間發酵 ■

1 將發酵好的麵團倒扣到工作檯上，撒上手粉後，分割麵團，每一份麵團約為 450 公克。

2 將分割出來的麵團拍出空氣，抓住麵團上側翻面後，將靠近身體那一側的麵團往前反折至底部收口，再略微滾動搓長。

3 其他麵團也陸續完成後，放入烤盤中，放置在溫度 30℃、濕度 70% 的環境下 30 分鐘，做中間發酵。

■ V・整型、最後發酵 ■

1 將中間發酵完成的麵團取出至工作檯上，拍出空氣後翻面。

2 先將靠近身體的麵團往前反折 1/3，再將上方麵團往下邊折邊壓，覆蓋之前的反折處。

3 左手固定麵團，右手先抓麵團邊角往下翻折，再以掌心壓實。從右至左，以掌心邊折邊壓至最後。

4 所有麵團完成後，放入帆布凹槽中，需留置適當距離。放置在溫度 30℃、濕度 70% 的環境下 60 分鐘，做最後發酵。

VI·裝飾、烘烤出爐

1 取出事先備好的啤酒麵皮糊，並在帆布上方放上烘焙紙，將發酵完成的麵團依序排入。把啤酒麵皮糊均勻刷在麵團上，最後均勻篩上高粉。

2 放入已經預熱至上火 240℃ / 下火 210℃的烤箱中烘烤 6 分鐘，再將上下火都關閉，用餘溫烘烤 34 分鐘即完成。

馬鈴薯穀物麵包

/ KARTOFFELBROT /

馬鈴薯是德國飲食中不可取代的重要主食，
平均每人一年會吃掉至少 58 公斤左右的馬鈴薯。
將綿滑濕潤的薯泥加入麵團中做成的麵包，
外酥脆內鬆軟，是家家戶戶餐桌上常見的景色。

• 剖面組織 。Cut

| 外皮覆滿穀物，膨脹性高，表面有自然裂開的紋路 | 外層硬實，中間的組織軟綿濕潤，口感輕盈順口 | 穀物香氣濃郁，散發馬鈴薯鹹香，鬆軟綿密 |

• 材料 。Ingredients

製作分量：5 個【一個 400g】

麵團	重量（g）	百分比（%）
馬鈴薯泥	250	25
T55 法國麵粉	1000	100
水	660	66
酸種	100	10
低糖酵母	3	0.3
鹽	10	1
橄欖油	30	3
總 計	2053	205.3

* 酸種製作方法請參照 P25

裝飾穀物	重量（g）	百分比（%）
葵花子	300	60
黑芝麻	75	15
白芝麻	75	15
燕麥片	50	10
總 計	500	100

* 此處為實際百分比

T·I·P 由於每個品種的馬鈴薯口感和水分都不盡相同，做麵包的時候要注意水分的調節，必須依製作時的狀況適度調整。

• 製作工法與流程 。Outline

I 麵團攪拌	→	II 基本發酵	→	III 分割 中間發酵	→	IV 整型 最後發酵	→	V 烘烤出爐
◆用低速攪拌成團 ◆改中速攪拌至完成階段		◆溫度 30℃、濕度 70% ◆基本發酵 90 分鐘		◆平均分割成重 400 公克的麵團 ◆溫度 30℃、濕度 70%，發酵 30 分鐘		◆整型成長棍形 ◆裹上裝飾穀物 ◆溫度 30℃、濕度 70%，發酵 40 分鐘		◆上火 230℃ / 下火 210℃，烤 6 分鐘 ◆上火 0℃ / 下火 0℃，用餘溫烘烤 34 分鐘

• 工法步驟 ◦ Directions

▊ I·麵團攪拌 ▊

1 攪拌盆中先放入 T55 法國麵粉、酵母、鹽，加入水與橄欖油混合液、酸種、馬鈴薯泥。

2 攪拌器裝入勾型攪拌棒，先以低速攪拌麵團約 2 分鐘至成團，再用中速攪拌約 7 分鐘。等原本沾黏的攪拌盆周圍變得乾淨光亮，且麵團表面的粗糙感消失，變得光滑柔軟時，取一小塊出來可以拉出薄膜，薄膜上的孔洞無鋸齒狀，即到達完成階段。

T·I·P 馬鈴薯麵包的麵團已經先加入橄欖油，不需要等擴展階段再加油脂，直接攪拌到完成階段即可。

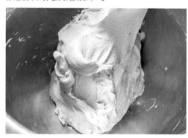

▊ II·基本發酵 ▊

1 將攪拌好的麵團從鋼盆中取出放在烤盤上。放置在溫度 30℃、濕度 70% 的環境下 90 分鐘，做基本發酵。

▊ III·分割、中間發酵 ▊

1 將發酵好的麵團倒扣到已經撒上手粉的工作檯上，麵團上再撒些手粉後，分割麵團。每一份麵團約為 400 公克。

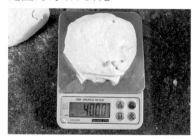

2 將分割好的麵團拍出空氣後翻面，將靠近身體那一側的麵團往前反折至底部收口，再略微滾動搓長。

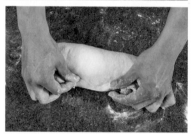

3 其他麵團也陸續完成後，放入烤盤中，放置在溫度 30℃、濕度 70% 的環境下 30 分鐘，做中間發酵。

IV · 整型、最後發酵

1 將中間發酵完成的麵團取出至工作檯上,拍出空氣後翻面。

2 先將下側麵團往前反折 1/3,再將上方麵團往下折到覆蓋住之前的反折處。稍微輕拍一下。

3 左手固定麵團,右手抓住麵團邊角,從右至左往下翻折到折線下一半位置,再以掌心壓實。

4 再重複一次折壓動作。這次要將麵團翻折到底部並壓實。

5 將葵花子、黑芝麻、白芝麻、燕麥片混合均勻成裝飾穀物,鋪平在烘焙紙上。將麵團先放在濕毛巾上輕微滾動沾濕,再放到烘焙紙上,均勻裹上裝飾穀物。

6 將麵團裹上裝飾穀物後,放入帆布凹槽中(需保留適當距離),在上方蓋上乾的帆布。放置在溫度 30℃、濕度 70% 的環境下 40 分鐘,做最後發酵。

V · 烘烤出爐

1 將最後發酵好的麵團放入已經預熱至上火 230℃ / 下火 210℃ 的烤箱中烘烤 6 分鐘,再將上下火都關閉,用餘溫烘烤 34 鐘即完成。

黑麥酸麵包

/ SCHWARZBROT /

Schwarz 是黑的意思，含有高營養價值的黑麵包，
是德國北部具代表性的麵包，咀嚼時帶有醋酸味，
在二次大戰期間，是支撐德軍體力的最大後援。
由於裸麥的比例很高，呈現接近黑色的深褐色。

• 剖面組織 。 Cut

使用藤籃發酵，表面帶有 細緻的紋路	內部保濕度豐富，有強烈 裸麥香氣	中間組織的孔洞偏小，分 布均勻，紮實有彈性

• 材料 。 Ingredients

製作分量：2 個【一個 850g】

	重量（g）	百分比（%）
T55 法國麵粉	500	62.5
細裸麥粉	200	25
黑裸麥粉	100	12.5
鹽	20	2.5
麥芽精	3	0.38

使用模具：長 28cm× 高 8cm 的藤籃

	重量（g）	百分比（%）
酸種	400	50
水	480	60
低糖酵母	2	0.25
總計	1705	213.13

*酸種製作方法請參照 P25

• 製作工法與流程 。 Outline

I 麵團攪拌	→	II 基本發酵	→	III 分割 整型	→	IV 最後發酵	→	V 裝飾 烘烤出爐

◆用低速攪拌成團
◆改中速攪拌至光滑

◆溫度 30℃、濕度 70%
◆基本發酵 60 分鐘

◆平均分割成重 850 公克的麵團
◆分別滾成長棍形

◆溫度 30℃、濕度 70%
◆最後發酵 90 分鐘

◆上火 240℃ / 下火 210℃，烤 6 分鐘
◆上火 220℃ / 下火 0℃，烤 14 分鐘
◆上火 0℃ / 下火 0℃，用餘溫烘烤 35 分鐘

• 工法步驟 ◦ Directions

■ I·麵團攪拌

1 攪拌盆中先放入 T55 法國麵粉、細裸麥粉、黑裸麥粉、酵母、鹽，加入水與麥芽精混合液，再加入酸種。

2 攪拌器裝入勾型攪拌棒，先以低速攪拌麵團約 2 分鐘至成團，再以中速攪拌約 8 分鐘。等原本沾黏的攪拌盆周圍變得乾淨光亮，且麵團表面的粗糙感消失時，取一小塊麵團出來，如果可以拉出孔洞有明顯鋸齒狀的薄膜即完成。

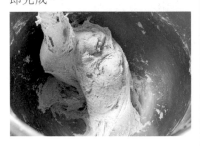

■ II·基本發酵

1 將攪拌好的麵團取出放在烤盤上。放置在溫度 30℃、濕度 70% 的環境下 60 分鐘，做基本發酵。圖片為發酵前、發酵後的模樣。

■ III·分割、整型

1 取出發酵好的麵團，倒扣到工作檯上，撒上手粉後，分割麵團，每一份麵團約為 850 公克。

2 長型藤籃中先篩入一層高粉備用。

T·I·P 藤籃要篩入厚厚的一層粉，這樣製作出來的紋路才會清晰，篩粉時，記得四周角落也不要忽略。

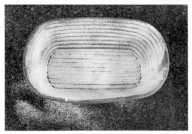

3 將分割出來的麵團拍出空氣後翻面，抓著靠近身體那側的麵團往前折 1/3，再將上方的麵團往下折。再次將麵團拍出空氣。

4 麵團轉向 90 度，將上方麵團往下折 1/3，再將下方麵團往上折到覆蓋住之前的反折處後，稍微滾動一下麵團即可。

IV · 最後發酵

1 將整型好的麵團放置在已撒粉的藤籃中，收口朝上，並用手指節略微壓實。

2 陸續完成其他麵團後，放置在溫度 30℃、濕度 70% 的環境下 90 分鐘，做最後發酵。

V · 裝飾、烘烤出爐

1 發酵好的麵團會膨脹到約藤籃九分滿的程度。再篩入厚厚的一層高粉後，倒扣到烤盤上。

2 放入已經預熱至上火 240℃ / 下火 210℃ 的烤箱中烘烤 6 分鐘，改成上火 220℃、關下火烘烤 14 分鐘，再將上下火都關閉，用餘溫烘烤 35 分鐘即完成。

調理 how to ✕ cook ! 吃法

法蘭克福香腸三明治

材料（1個份）

黑麥酸麵包	1 片	奶油 B	20g
奶油 A	20g	蜂蜜	12g
洋蔥末	20g	德式酸菜	少許
紅椒粉	適量		
鹽	適量		
法蘭克福香腸	1 條		

T·I·P 若分量過少不好操作，也可以一次製作較多的量。

作法

1. 熱鍋後放入奶油 A、洋蔥末炒至金黃色，再加入紅椒粉、鹽炒至洋蔥變軟即可取出備用。

2. 將法蘭克福香腸放入熱水中燙熟即可撈出備用。

3. 將奶油 B、蜂蜜拌勻即完成抹醬（比例約 5：3）。

4. 將一片略有厚度的麵包用刀切到底但不切斷，放入烤箱中回烤加熱。

5. 加熱後的麵包先抹上蜂蜜奶油，再依序放入洋蔥末、法蘭克福香腸，最後擺上德式酸菜即完成。

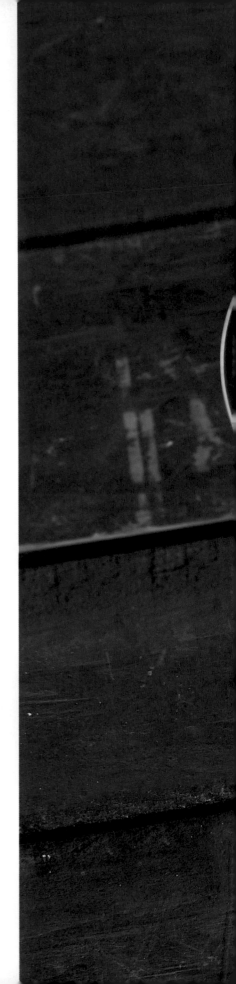

丹麥

Denmark

説到丹麥最具代表性的食物，絕對非「丹麥麵包」莫屬。
在當地，以含油量高達 60% 的麵團做出的豐富種類，
足以從「麵包」中獨立出來，自成一個品項。
多樣化的口味帶來屹立不搖的人氣，
在世界的舞台上大放異彩。

WESTERN PEAR DANISH PASTRY ——

西洋梨丹麥

難易度 ★★★★★

以酥脆的層次感和精緻外型活躍世界各國的丹麥麵包，
在丹麥當地的名稱其實是「wienerbrød（維也納麵包）」。
據說是由當時移民到丹麥的奧地利麵包師傅們傳入，
經過多次改良後，才形成了現今的模樣。

• 剖面組織 。 Cut

表面刷過糖水和果膠，增
加油亮感並鎖住水果水分

包裹在麵團內的奶油融化
後，留下許多大氣孔

烤過的外皮酥脆，中間為
用糖醃漬過的西洋梨片

• 材 料 。 Ingredients

製作分量：20 個【一個 40g】

麵團	重量（g）	百分比（%）
T55 法國麵粉	410	100
細砂糖	25	6
鹽	4	1
牛奶	150	36
高糖酵母	8	2
雞蛋	75	18
無鹽奶油	36	8.8
裹入油	250	60
總 計	958	231.8

內餡與裝飾	重量（g）	百分比（%）
卡士達醬 （製作方法詳見 P107）	500	-
糖漬西洋梨	20 個	-
全蛋液	適量	-
糖水 （細砂糖：水以 1：1 混合均勻）	少許	-
杏桃果膠	少許	-
開心果碎	少許	-
防潮糖粉	少許	-
橘條	少許	-

• 製作工法與流程 。 Outline

I 麵團攪拌 → II 基本發酵 → III 裹油 三折疊 → IV 分割整型 最後發酵 → V 填餡、烘烤 裝飾

I 麵團攪拌
◆ 使用低速，攪拌至
無顆粒感
◆ 改中速，攪拌至質
地均勻

II 基本發酵
◆ 壓平
◆ 冷藏 60 分鐘

III 裹油 三折疊
◆ 麵團包覆裹入油、
擀壓
◆ 三折疊兩次，冷藏
60 分鐘
◆ 再三折疊一次，冷
藏 60 分鐘

IV 分割整型 最後發酵
◆ 擀至厚度 0.4 公分
◆ 分割成 10×10 公
分的正方形
◆ 溫度 27℃、濕度
70%
◆ 最後發酵 90 分鐘

V 填餡、烘烤 裝飾
◆ 填入卡士達醬與
糖漬西洋梨
◆ 上火 230℃ / 下火
190℃，烤 10 分鐘
◆ 上火 200℃ / 下火
190℃，烤 7 分鐘
◆ 出爐後裝飾

• 工法步驟 ◦ Directions

■ I · 麵團攪拌

1 攪拌盆中先放入 T55 法國麵粉、細砂糖、鹽、室溫回軟的無鹽奶油，將牛奶與雞蛋、高糖酵母混合均勻後，倒入攪拌盆中。

2 勾型攪拌棒裝入攪拌器中，開始以低速攪拌約 3 分鐘。攪拌到粉狀感消失，改成中速攪拌到質地均勻、成團。

T·I·P 丹麥麵團不需要打到光滑，以免之後裹油時拉扯導致筋性太強，反而無法膨脹。

■ II · 基本發酵

1 將攪拌好的麵團放到鋪好塑膠袋的烤盤上。用雙手稍微壓平後，蓋上塑膠袋，再繼續用雙手將麵團盡可能壓扁。接著放入冰箱冷藏 60 分鐘以上。

T·I·P 放冰箱冷藏的作用是為了減緩麵團發酵和奶油融化的速度。麵團盡量壓扁再放冰箱，冷卻的速度會比較平均。

■ III · 裹油、三折疊

1 將冷藏過的麵團取出，以擀麵棍將麵皮擀成比裹入油略大，正中間放上軟硬適中的裹入油。

2 先將麵團的一角往中心折疊，另外的三邊依序往中心折放，略微整型，讓麵團完全包覆住中間的裹入油。

3 十字的對角線摺合處先用擀麵棍按壓緊實後，為了讓麵團與裹入油緊密結合，用擀麵棍縱向、橫向的按壓整片麵團。

4 將裹好油的麵團擀壓成厚度 0.4 公分、長 60 公分的長條狀。切除兩端不平整的邊。

T·I·P 使用丹麥機壓平麵團的速度快、操作容易，但在自家製作時因為量較少，使用擀麵棍擀開即可。

5 將麵團從兩邊往中間折成三折後，將麵團轉 90 度，再次擀壓並三折，以塑膠袋包覆，放冰箱冷藏 60 分鐘。取出後，重複一次擀成長條狀、三折的動作，再冷藏 60 分鐘。

■ IV·分割整型、最後發酵 ■

1 麵團取出後，再次將麵團擀壓成厚度 0.4 公分，約長 60 公分、寬 20 公分的長條狀。將麵團疊成數折後，用尺在麵團上做記號（標示出寬度），再用利刀分割成 10×10 公分的正方形。

2 把麵團對折成直角三角形，以直角為頂端。保留頂端的部分不切，將刀子沿著邊緣往內 1 公分的地方，在左右兩邊各切一道直線。

3 打開對折的三角形。將兩片切開的外邊拉起，往對角線翻折，對齊另一邊的邊角。

4 在折疊面塗少許水幫助黏著，並將頭尾壓平。

5 其他麵團依序完成後，放入烤盤。放置在溫度 27℃、濕度 70% 的環境下，進行最後發酵 90 分鐘。

■ V·填餡、烘烤、裝飾 ■

1 在完成最後發酵的麵團邊緣均勻塗抹全蛋液後，擠上 25 公克的卡士達醬，並放上切片的糖漬西洋梨。

2 在烤盤下面再墊一個烤盤，放入已經預熱至上火 230℃ / 下火 190℃ 的烤箱中烘烤 10 分鐘，改上火 200℃ / 下火 180℃ 繼續烘烤 7 分鐘即可取出。

3 出爐後表面先擦上糖水與杏桃果膠、撒上開心果碎，邊緣篩入防潮糖粉做裝飾，最後放一點橘條點綴即完成。

·卡士達醬·

材料

	重量（g）	百分比（%）
牛奶 A	304	57
細砂糖 A	30	5.5
香草莢（取籽）	10（1 枝）	2
蛋黃	28	5
細砂糖 B	30	5.5
牛奶 B	80	15
玉米粉	15	3
低筋麵粉	22	4
無鹽奶油	15	3
總計	534	100

*此處為實際百分比

製作方法

1. 鍋中放入牛奶 A、糖 A、香草籽一起煮滾。
2. 鍋中放入蛋黃、糖 B、牛奶 B、玉米粉與低筋麵粉，攪拌均勻。
3. 將煮滾的步驟 1 沖入步驟 2 中，一邊拌勻一邊煮到濃稠。
4. 離火後加入奶油，拌勻後過篩。
5. 降溫後備用即可。

覆盆子丹麥

/ RASPBERRY DANISH PASTRY /

丹麥麵包開始在世界聞名，要追述至 1915-1920 年間。
當時在各國致力推廣麵包技術的丹麥麵包師 Lauritz C. Klitteng，
因為在美國總統威爾遜的婚禮上製作了這款麵包而聲名大噪，
從此國際上便將這款麵包改稱為「丹麥油酥麵包（Danish Pastry）」。

• 剖面組織 。 Cut

表面酥脆，抹上果膠呈現
油亮的光澤感 | 麵團內的奶油融化後留下
許多大氣孔，鬆軟綿密 | 中間為覆盆子醬加上冷凍
和新鮮覆盆子的三重餡料

• 材料 。 Ingredients

製作分量：20 個【一個 40g】

麵團	重量（g）	百分比（%）
T55 法國麵粉	410	100
細砂糖	25	6
鹽	4	1
牛奶	150	36
高糖酵母	8	2
雞蛋	75	18
無鹽奶油	36	8.8
裹入油	250	60
總 計	958	231.8

內餡與裝飾	重量（g）	百分比（%）
覆盆子果醬 （製作方法詳見 P111）	300	-
冷凍覆盆子	20 個	-
新鮮覆盆子	60 個	-
全蛋液	適量	-
糖水 （細砂糖：水以 1：1 混合均勻）	少許	-
開心果碎	少許	-
鏡面果膠	少許	-
金箔	少許	-

• 製作工法與流程 。 Outline

I
麵團攪拌 → II
基本發酵 → III
裹油
三折疊 → IV
分割整型
最後發酵 → V
填餡、烘烤
裝飾

◆ 使用低速，攪拌至
無顆粒感
◆ 改中速，攪拌至質
地均勻

◆ 壓平
◆ 冷藏 60 分鐘

◆ 麵團包覆裹入油、
擀壓
◆ 三折疊兩次，冷藏
60 分鐘
◆ 再三折疊一次，冷
藏 60 分鐘

◆ 擀至厚度 0.4 公分
◆ 分割成 10×10 公
分的正方形
◆ 溫度 27℃、濕度
70%
◆ 最後發酵 90 分鐘

◆ 填入覆盆子果醬
與覆盆子
◆ 上火 230℃／下火
190℃，烤 10 分鐘
◆ 上火 200℃／下火
190℃，烤 8 分鐘
◆ 出爐後裝飾

• 工法步驟 ◦ Directions

▌I·II·III·麵團製作與裹油▐

1 從麵團製作到裹油的方法，請詳見西洋梨丹麥的工法步驟（P105-106）。

▌IV·分割整型、最後發酵▐

1 準備好厚度 0.4 公分、長 10 公分、寬 10 公分的正方形麵團。

2 將麵團的四個角依序往中心點壓折，最後以擀麵棍的一端將中心壓實。

3 其他麵團依序完成整型後，放入烤盤。放置在溫度 27℃、濕度 70% 的環境下，進行最後發酵 90 分鐘。

▌V·填餡、烘烤、裝飾▐

1 取出完成最後發酵的麵團，再次以擀麵棍的一端朝麵團中心壓實。

2 在麵團表面均勻塗抹全蛋液後，中間擠上 15 公克的覆盆子果醬、放上 1 顆冷凍覆盆子。

3 完成後，在烤盤下面再墊入一個烤盤。

4 放入已經預熱至上火 230℃ /
下火 190℃的烤箱中烘烤 10 分
鐘，改上火 200℃ / 下火 190℃
繼續烘烤 8 分鐘即可取出。

5 丹麥出爐後，表面先擦上糖
水，再擠入覆盆子果醬、放上新
鮮覆盆子、塗抹鏡面果膠，最後
撒上開心果碎，並以金箔點綴即
完成。

・覆盆子果醬。

材料

	重量（g）	百分比（%）
覆盆子果泥	156	49.7
細砂糖 A	78	24.7
細砂糖 B	78	24.7
果膠粉	3	0.9
冰塊	適量	-
總 計	315	100

＊此處為實際百分比

製作方法

1. 將細砂糖 A、果膠粉混合備用。
2. 鍋中放入覆盆子果泥、細砂糖 B 煮至 80℃，
   加入拌勻的細砂糖與果膠粉，加熱至 104℃。
3. 最後加入冰塊降溫收稠即可。

杏桃丹麥

難易度 ★★★★★

在西方國家的認知中，「丹麥」和「麵包」、「蛋糕」一樣，
都是屬於一個廣泛的統稱，包含了各種不同的品項。
雖然在台灣多以「丹麥麵包」稱呼，
但其豐富的口感和變化度，
即便當成甜點也絲毫不遜色。

• 剖面組織 ◦ Cut

外皮酥脆，杏桃表面刷果膠增添香氣與光澤感	麵團內奶油融化後的大氣孔，鬆軟綿密	中間以卡士達醬和杏桃，增加口感變化

• 材 料 ◦ Ingredients

製作分量：20 個【一個 40g】

麵團	重量（g）	百分比（%）
T55 法國麵粉	410	100
細砂糖	25	6
鹽	4	1
牛奶	150	36
高糖酵母	8	2
雞蛋	75	18
無鹽奶油	36	8.8
裹入油	250	60
總 計	958	231.8

內餡與裝飾	重量（g）	百分比（%）
卡士達醬（製作方法詳見 P107）	400	-
糖漬杏桃	20 個	-
全蛋液	適量	-
糖水（細砂糖：水以 1：1 混合均勻）	少許	-
杏桃果膠	少許	-
防潮糖粉	少許	-

• 製作工法與流程 ◦ Outline

I 麵團攪拌 → **II 基本發酵** → **III 裹油 三折疊** → **IV 分割整型 最後發酵** → **V 填餡、烘烤 裝飾**

- **I 麵團攪拌**
  - 使用低速，攪拌至無顆粒感
  - 改中速，攪拌至質地均勻

- **II 基本發酵**
  - 壓平
  - 冷藏 60 分鐘

- **III 裹油三折疊**
  - 麵團包覆裹入油、擀壓
  - 三折疊兩次，冷藏 60 分鐘
  - 再三折疊一次，冷藏 60 分鐘

- **IV 分割整型最後發酵**
  - 擀至厚度 0.4 公分
  - 分割成 8×8 公分的正方形
  - 溫度 27℃、濕度 70%
  - 最後發酵 90 分鐘

- **V 填餡、烘烤裝飾**
  - 填入卡士達醬與杏桃
  - 上火 230℃／下火 190℃，烤 10 分鐘
  - 上火 200℃／下火 190℃，烤 8 分鐘
  - 出爐後裝飾

• 工法步驟 ◦ Directions

▌ I．II．III．麵團製作與裏油 ▐

1 從麵團製作到裏油的方法，請詳見西洋梨丹麥的工法步驟（P105-106）。

▌ IV．分割整型、最後發酵 ▐

1 準備好厚度 0.4 公分、長 8 公分、寬 8 公分的正方形麵團。

2 將擀麵棍的一端沾麵粉後，壓入麵團中心。

3 放置在溫度 27℃、濕度 70% 的環境下，最後發酵 90 分鐘。

▌ V．填餡、烘烤、裝飾 ▐

1 取出完成最後發酵的麵團，再次以擀麵棍的一端將中心壓實後，擠上 20 公克的卡士達醬。邊緣均勻塗抹全蛋液，中間放上糖漬杏桃。

2 將其他麵團陸續填餡完成。

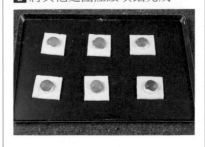

3 烤盤下面再墊入一個烤盤，放入已經預熱至上火 230℃ / 下火 190℃ 的烤箱中烘烤 10 分鐘，改上火 200℃ / 下火 190℃ 繼續烘烤 8 分鐘即可取出。

4 出爐後在表面刷上糖水、杏桃果膠，再於邊緣篩入防潮糖粉做裝飾即完成。

焦糖丹麥

/ CARAMEL DANISH PASTRY /

自 1850 年代左右，丹麥麵包從奧地利引進並發展至今，
在國際上，已經成為足以代表丹麥的國家特色之一。
據說在當地，生日時和家人、好友一起吃丹麥麵包，
也有著「分享幸福」的涵義。

• 剖面組織 。 Cut

| 外層酥脆，表面包裹一層焦糖脆皮 | 切面可以看到層次明顯的折疊痕跡與焦糖內餡 | 氣孔大、組織柔軟，中間的焦糖餡遇熱後融化 |

• 材料 。 Ingredients

製作分量：20 個【一個 40g】

麵團	重量（g）	百分比（%）
T55 法國麵粉	410	100
細砂糖	25	6
鹽	4	1
牛奶	150	36
高糖酵母	8	2
雞蛋	75	18
無鹽奶油	36	8.8
裹入油	250	60
總 計	958	231.8

使用模具：直徑 8cm × 高 3cm 的圓形模

內餡與裝飾	重量（g）	百分比（%）
焦糖餡（製作方法詳見 P119）	200	-
細砂糖	少許	-
杏仁片	少許	-
糖水（細砂糖：水以 1：1 混合均勻）	少許	-
金箔	少許	-

• 製作工法與流程 。 Outline

I 麵團攪拌 → II 基本發酵 → III 裹油 三折疊 → IV 分割整型 最後發酵 → V 烘烤出爐 裝飾

I 麵團攪拌
- 使用低速，攪拌至無顆粒感
- 改中速，攪拌至質地均勻

II 基本發酵
- 壓平
- 冷藏 60 分鐘

III 裹油 三折疊
- 麵團包覆裹入油、擀壓
- 三折疊兩次，冷藏 60 分鐘
- 再三折疊一次，冷藏 60 分鐘

IV 分割整型 最後發酵
- 擀至厚度 0.4 公分
- 分割成 10×10 公分的正方形
- 填入焦糖餡
- 折成方形
- 溫度 27℃、濕度 70%
- 最後發酵 70 分鐘

V 烘烤出爐 裝飾
- 上火 230℃ / 下火 190℃，烤 10 分鐘
- 上火 200℃ / 下火 190℃，烤 8 分鐘
- 出爐後裝飾

• 工法步驟 ◦ Directions

▊ I‧II‧III‧麵團製作與裹油 ▊

1 從麵團製作到裹油的方法，請詳見西洋梨丹麥的工法步驟（P105-106）。

▊ IV‧分割整型、最後發酵 ▊

1 準備好厚度 0.4 公分、長 10 公分、寬 10 公分的正方形麵團。

2 圓形模具中先放入三片杏仁片，撒上細砂糖後備用。

3 麵團中間擠上 10 公克的焦糖餡、撒上少許細砂糖。

4 將左右兩側的麵團往中間折，交疊黏到焦糖上。接著再將上下兩端的麵團往中間折，用大拇指按壓中心固定。

5 將整型好的麵團收口朝上，放入模具中。接著放到烤盤上，放置在溫度 27℃、濕度 70％ 的環境下，進行最後發酵 70 分鐘。

▊ V‧烘烤出爐、裝飾 ▊

1 取出完成最後發酵的麵團，在上方蓋一張烘焙紙，再壓上兩個烤盤。

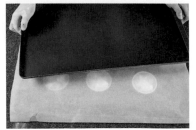

2 放入已經預熱至上火 230℃ / 下火 190℃的烤箱中烘烤 10 分鐘，改上火 200℃ / 下火 190℃繼續烘烤 8 分鐘即可取出。

3 出爐後倒扣在網架上，表面先刷上糖水，再放上金箔裝飾即完成。

• 焦糖餡 •

材料

	重量（g）	百分比（%）
細砂糖	65	29
動物性鮮奶油	115	52
香草莢（取籽）	5（1/2 枝）	2
水飴	38	17
總 計	223	100

＊此處為實際百分比

製作方法

1. 鍋中放入動物性鮮奶油、香草籽、水飴，以中火煮滾備用。
2. 將細砂糖煮至焦化，將步驟 1 分次沖入，回煮收稠即可。

丹麥吐司

難易度 ★★★★★

丹麥吐司與其說是吐司類麵包的衍生，
以口感和口味而言，更像是製成吐司形狀的丹麥麵包。
裹油麵包獨樹一幟的空氣層次感，咬起來軟綿又有彈性，
造型上經常做成三股辮的樣子，精緻又有特色。

• 剖面組織 。 Cut

| 外皮酥脆，表面帶有線條感，刷過蛋液後烤色較深 | 麵團氣孔細緻，鬆軟綿密 | 氣孔分布均勻，摸起來較紮實 |

• 材料 。 Ingredients

製作分量：4 個【一個 400g、吐司模尺寸：12 兩】

麵團	重量（g）	百分比（%）
高筋麵粉	532	70
低筋麵粉	228	30
細砂糖	46	6
鹽	9	1
高糖酵母	15	2
牛奶	275	36
雞蛋	140	18
無鹽奶油	68	9
裹入油	460	60
總 計	1773	232

裝飾	重量（g）	百分比（%）
全蛋液	適量	-
糖水（細砂糖：水以 1：1 混合均勻）	少許	-

• 製作工法與流程 。 Outline

I 麵團攪拌 → II 基本發酵 → III 裹油 三折疊 → IV 分割整型 最後發酵 → V 烘烤出爐 裝飾

I 麵團攪拌
- 使用低速，攪拌至無顆粒感
- 改中速，攪拌至質地均勻

II 基本發酵
- 壓平
- 冷藏 60 分鐘

III 裹油 三折疊
- 麵團包覆裹入油、擀壓
- 三折疊兩次，冷藏 60 分鐘
- 再三折疊一次，冷藏 60 分鐘

IV 分割整型 最後發酵
- 延壓成厚度 1 公分的長方形
- 整型成辮子狀後入模
- 溫度 30℃、濕度 70%
- 最後發酵 90 分鐘

V 烘烤出爐 裝飾
- 表面刷蛋液
- 上火 200℃ / 下火 180℃，烤 10 分鐘
- 上火 180℃ / 下火 150℃，烤 15 分鐘
- 上火 0℃ / 下火 0℃，用餘溫烘烤 10 分鐘
- 出爐後刷糖水

• 工法步驟 ○ Directions

■ I · 麵團攪拌

1 攪拌盆中先放入高筋麵粉、低筋麵粉、細砂糖、鹽、室溫回軟的無鹽奶油;將牛奶與雞蛋、高糖酵母混合均勻後,倒入攪拌盆中。

2 勾型攪拌棒裝入攪拌器中,開始以低速攪拌約 3 分鐘。攪拌到粉狀感消失,改成中速攪拌約 1 分鐘,攪拌到質地均勻、成團。

■ II · 基本發酵

1 將攪拌好的麵團從攪拌盆中取出,放到烤盤上。用雙手稍微壓平後,蓋上塑膠袋。放入冰箱冷藏 60 分鐘以上。

■ III · 裹油、三折疊

1 將冷藏過的麵團取出,以擀麵棍將麵皮擀成比裹入油略大的方形,正中間放上軟硬適中的裹入油。

2 將麵團的四個角依序往中心折疊,略微整型,讓麵團完全包覆住中間的裹入油。

3 先用擀麵棍將麵團上十字的對角線摺合處壓緊實,接著再縱向、橫向按壓整片麵團,讓麵團與裹入油緊密結合。

4 將裹好油的麵團擀壓成厚度 0.4 公分的長條狀，並切除兩端不平整的邊。

5 將麵團從兩邊往中間折成三折後，將麵團轉 90 度，再次擀壓並三折，以塑膠袋包覆，放冰箱冷藏 60 分鐘。取出後，重複一次擀成長條狀、三折的動作，再冷藏 60 分鐘。

IV · 分割整型、最後發酵

1 取出麵團後，用刀子分割成約 400 公克重，再將四邊切整齊成寬 9 公分的長方形，並用擀麵棍均勻擀壓成 1 公分的厚度。

2 在麵團上縱切兩刀，將麵團均分成三等份，頂端不切斷。用擀麵棍稍微擀壓、避免收縮後，拉開三塊麵團，準備編三股辮。

3 接著開始編三股辮。先將右側麵團拉到左邊，從上方與中間麵團交叉，一手按壓頂端的疊合處。接著再將最左側的麵團拉到右邊兩條麵團的中間，按壓疊合處。過程中適當調整麵團間的間隔，以免太擠不好編。

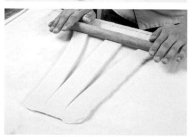

4 依照相同方法，重複編到底後，將麵團的尾部壓實。

5 將麵團稍微拍實後，讓比較漂亮光滑的一面朝下，把兩端麵團往中間折收。

6 收口朝下，放入模具中。

7 放置在溫度 30℃、濕度 70% 的環境下，進行最後發酵 90 分鐘。圖片為發酵前、後的樣子，可以比較兩者的差異。

V · 烘烤出爐、裝飾

1 在最後發酵完成的麵團表面，均勻塗抹全蛋液。

2 放入已經預熱至上火 200℃ / 下火 180℃的烤箱中烘烤 10 分鐘，改上火 180℃ / 下火 150℃ 烘烤 15 分鐘，最後關掉上下火，用餘溫繼續烘烤 10 分鐘。

3 出爐後，麵包表面均勻刷上糖水，將模具放在工作檯上敲打後，趁熱將麵包倒扣出來放涼。

義大利

Italy

南北狹長的地形，讓義大利各區的氣候風土差距迴異，
從古羅馬時期開始，就紛紛孕育出各自的麵包文化。
但整體而言，為了搭配口味偏重的義式料理，
義大利麵包味道多半較淡而樸實，
散發出馥郁的橄欖油香氣。

香料麵包棒

/ GRISSINI /

據說在 1679 年，當時尚未登基的薩丁尼亞國王，
因腸胃問題吃不下麵包，特別請麵包師研發了這款，
酥脆好咬、容易消化，帶有濃郁香料香氣的麵包棒。
現今在義大利，多當成前菜或下酒菜，搭配沙拉食用。

• 剖面組織 。 Cut

| 表皮很薄，外層與內部組織幾乎看不出分隔 | 表面烘烤過的起司粉呈酥香的焦褐色，香氣濃郁 | 氣孔有大有小，口感酥脆，硬度介麵包和餅乾間 |

• 材料 。 Ingredients

製作分量：46 個【一個約 30g，長 30× 寬 1× 厚 2cm】

麵團	重量（g）	百分比（%）
T55 法國麵粉	800	100
鹽	16	2
低糖酵母	7	0.9
義式香料	6	0.7
水	530	66
橄欖油	50	6
總 計	1409	175.6

裝飾	重量（g）	百分比（%）
起司粉	少許	-
橄欖油	少許	-
鹽	少許	-

• 製作工法與流程 。 Outline

I 麵團攪拌
→
II 基本發酵
→
III 分割整型
→
IV 裝飾烘烤出爐

- 用低速攪拌成團
- 改中速，攪拌至完成階段

- 溫度 30℃、濕度 70%
- 基本發酵 50 分鐘

- 分割成細長條狀
- 搓螺旋狀至 30 公分長

- 抹油、撒起司粉
- 上火 190℃ / 下火 200℃
- 烘烤 15 分鐘

• 工法步驟 ○ Directions

▌I·麵團攪拌

1 水與橄欖油倒入攪拌盆中混合均勻，倒入 T55 法國麵粉、鹽、低糖酵母、義式香料。

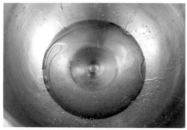

2 攪拌器裝入勾型攪拌棒，開始以低速攪拌約 3 分鐘。攪拌到粉狀感消失、麵團成團，改成中速。接著攪拌到麵團表面從粗糙逐漸變得光滑柔軟，原本沾黏的攪拌盆周圍也變得乾淨光亮。

3 取一小塊麵團出來，如果可以延展出透光的薄膜，且洞口平滑、幾乎沒有鋸齒狀，就表示麵團已經攪拌到完成階段。

▌II·基本發酵

1 將攪拌好的麵團從鋼盆中取出，將麵團往前折、收入底部。

2 翻面並 90 度轉向，同樣將麵團往前折、收入底部。讓麵團收圓、表面光滑即可。

3 放入已經撒上手粉的烤盤上。放置在溫度 30℃、濕度 70% 的環境下 50 分鐘，做基本發酵。

▌III·分割、整型

1 取出基本發酵完成的麵團，表面撒上一些手粉，倒扣到工作檯上，再撒一些手粉。四邊整型成長方形，並用十隻手指由上往下按壓，將空氣排出後翻面。

2 將麵團左側往中間折約 1/3 後，以拍打方式壓實，再將右方麵團往左折 1/3，一樣拍打壓實。

3 轉向 90 度，將麵團的空氣拍出，麵團厚度約為 2 公分。在表面撒上一些手粉，分割成寬 1 公分、長 20 公分的條狀。

4 雙手輕按住麵團，從中間往左右滾動搓長到約 30 公分。

5 接著將兩手以一前一後的方向滾動麵團，使麵團呈螺旋紋。

6 依序完成其他麵團後，排入烤盤中。

■ IV·裝飾、烘烤出爐 ■

1 在麵團表面均勻塗抹上一層橄欖油，撒上適量的鹽，再均勻撒上起司粉。

2 放入已經預熱至上火 190℃ / 下火 200℃的烤箱中，烘烤 15 分鐘至表面金黃，即可取出放涼。

佛 卡 夏

/ FOCACCIA /

起源於拉丁文的佛卡夏，原義指「用火烤的東西」，
是一款從古羅馬時期就已存在、歷史悠久的麵包。
在上頭擺放各式餡料的做法，也可以說是披薩的前身，
剛出爐時濃郁的橄欖油和香草香氣，令人食指大動。

• 剖面組織 。 Cut

抹上橄欖油的表面油亮，
可以看到明顯凹洞

麵包體扁平，表層外皮略
厚，呈金黃色澤

可以看到清楚的氣孔和薄
膜，口感鬆軟柔韌

• 材料 。 Ingredients

製作分量：1 個【約 1400g】

麵團	重量（g）	百分比（%）
T55 法國麵粉	800	100
鹽	14	1.8
義式香料	6	0.8
低糖酵母	8	1
水	520	65
橄欖油	64	8
總 計	1412	176.6

裝飾	重量（g）	百分比（%）
橄欖油	少許	-
鹽	少許	-
普羅旺斯香草	少許	-

• 製作工法與流程 。 Outline

| I 麵團攪拌 | II 基本發酵 | III 翻面 中間發酵 | IV 整型 最後發酵 | V 裝飾 烘烤出爐 |

◆用低速攪拌成團
◆改中速，攪拌至完
　成階段

◆溫度 30℃、濕度
　70%
◆基本發酵 45 分鐘

◆將麵團翻面
◆溫度 30℃、濕度
　70%
◆中間發酵 45 分鐘

◆壓平至 2 公分厚
◆溫度 30℃、濕度
　70%
◆最後發酵 40 分鐘

◆上火 190℃ / 下火
　210℃，烤 12 分鐘
◆烤盤前後對調，續
　烤 5 分鐘

• 工法步驟 。 Directions

■ I·麵團攪拌 ■

1 水與橄欖油倒入攪拌盆中混合均勻,倒入 T55 法國麵粉、鹽、低糖酵母、義式香料。

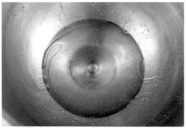

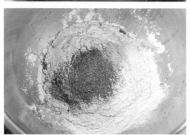

2 攪拌器裝入勾型攪拌棒,開始以低速攪拌約 3 分鐘。攪拌到粉狀感消失、麵團成團,改成中速攪拌。接著,攪拌到麵團粗糙表面逐漸光滑柔軟,原本沾黏的攪拌盆周圍也變得乾淨光亮。

3 取一小塊麵團出來,如果可以延展出透光的薄膜,且洞口平滑、幾乎沒有鋸齒狀,就表示麵團已經攪拌到完成階段。

■ II·基本發酵 ■

1 將攪拌好的麵團從鋼盆中取出,將麵團往前折、收入底部。翻面並 90 度轉向,同樣將麵團往前折、收入底部後,收圓麵團到表面光滑即可。

2 放入已經撒上手粉的烤盤上。放置在溫度 30℃、濕度 70% 的環境下 45 分鐘,做基本發酵。

■ III·翻面、中間發酵 ■

1 接下來準備翻面。將基本發酵完成的麵團取出,表面撒上一些手粉,倒扣到工作檯上,抓起四邊整型成長方形後用十隻手指由上往下按壓,將空氣排出。

2 將靠近身體的麵團從下往上折 1/3,再將上方麵團往下折 1/3 後,以拍打方式壓實。

3 將左邊麵團往右折 1/3，再將右邊麵團往左折 1/3，折好後拍打壓實。

4 將麵團從前往後翻折，收口朝下。收圓麵團至表面光滑即可。

5 翻面完的麵團放入烤盤上，放置在溫度 30℃、濕度 70% 的環境下 45 分鐘，做中間發酵。圖片為發酵後的樣子。

IV·整型、最後發酵

1 將中間發酵完成的麵團表面撒上一些手粉，倒扣到工作檯上，再撒上一些手粉。

2 用十隻手指由上往下按壓，整型成厚度約 2 公分的正方形。移入烤盤中，放置在溫度 30℃、濕度 70% 的環境下 40 分鐘，做最後發酵。

V·裝飾、烘烤出爐

1 將最後發酵完成的麵團取出，上面均勻塗抹上橄欖油後，用手指等間距戳洞，再均勻撒上鹽、普羅旺斯香草。

2 放入已經預熱至上火 190℃ / 下火 210℃的烤箱中，烘烤 12 分鐘，再把烤盤前後對調，續烤約 5 分鐘至表面呈現金黃色即可。

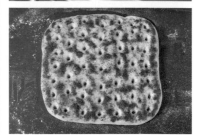

調 理
how to ✕ cook !
吃 法

烤蔬菜
櫛瓜佛卡夏

材料（1 個份）

佛卡夏	1 個	黃椒丁	2 塊
櫛瓜	6 片	巴西里	少許
（黃綠各半）		起司絲	10g
玉米筍	1 根	番茄醬	少許
聖女小番茄	1 顆	黑胡椒	少許
洋菇	1 個	義式香料	少許

作法

1. 製作一個重 120 公克的圓形佛卡夏。
   T·I·P 形狀沒有一定限制，可以在整型時用手整成圓形，或直接用方形亦可。

2. 玉米筍縱切剖半；小番茄切片；洋菇切片。

3. 在佛卡夏上抹一層番茄醬後，依序放上櫛瓜片、玉米筍、番茄片、洋菇片、黃椒丁後，撒上黑胡椒、義式香料，再撒上起司絲。

4. 放入預熱好的烤箱，以上火 190℃ / 下火 180℃烘烤 10 分鐘。出爐後撒些巴西里。

巧巴達

/ CIABATTA /

難
易
度

★ ★
★

巧巴達的意思是「拖鞋」，以外形扁平而得名。
這款來自義大利北方的人氣麵包，根據民間流傳，
其實是一場意外，不小心在麵團裡加太多水而誕生。
比起三明治，在當地，直接沾橄欖油的吃法更為常見。

• 剖面組織 。 Cut

| 表面有一層白色薄麵粉，隱約露出中間的綠橄欖 | 外皮薄而硬脆，內部組織柔軟帶有韌性 | 內部氣孔明顯，可以看到清楚的薄膜 |

• 材料 。 Ingredients

製作分量：8 個【一個 170g】

	重量（g）	百分比（%）
T55 法國麵粉	800	100
低糖酵母	7	0.9
鹽	16	2
水	508	63.5

	重量（g）	百分比（%）
橄欖油	53	6.6
綠橄欖	160	20
總計	1544	193

• 製作工法與流程 。 Outline

I 麵團攪拌 → **II 基本發酵** → **III 翻面延續發酵** → **IV 第二次翻面、發酵** → **V 整型最後發酵** → **VI 分割烘烤出爐**

I 麵團攪拌	II 基本發酵	III 翻面延續發酵	IV 第二次翻面、發酵	V 整型最後發酵	VI 分割烘烤出爐
◆用低速攪拌成團 ◆改中速，攪拌至完成階段 ◆加入綠橄欖拌勻	◆溫度 30℃、濕度 70% ◆做基本發酵 45-50 分鐘	◆將麵團翻面 ◆溫度 30℃、濕度 70% ◆發酵 45-50 分鐘	◆將麵團再次翻面 ◆溫度 30℃、濕度 70% ◆發酵 45-50 分鐘	◆平均壓平至厚度 2 公分 ◆溫度 30℃、濕度 70% ◆做最後發酵 45-50 分鐘	◆平均切成長 20 公分、寬 5 公分 ◆上火 240℃ / 下火 210℃ ◆噴蒸氣 4 秒，烘烤 8 分鐘 ◆烤盤前後對調，續烤 6 分鐘

• 工法步驟 ∘ Directions

▊ I·麵團攪拌 ▊

1 水與橄欖油倒入攪拌盆中混合均勻，倒入T55法國麵粉、鹽、酵母。攪拌器裝入勾型攪拌棒，先以低速攪拌約3分鐘。

2 攪拌到粉狀感消失、麵團成團，改成中速攪拌。接著攪拌到麵團表面從粗糙到逐漸變得光滑柔軟，原本沾黏的攪拌盆周圍也變得乾淨光亮。

3 取一小塊麵團出來，如果可以延展出透光的薄膜，且洞口平滑、幾乎沒有鋸齒狀，就表示麵團已經攪拌到完成階段。

4 在完成的麵團中加入綠橄欖，用低速略微攪拌一下即可，避免綠橄欖支離破碎。

▊ II·基本發酵 ▊

1 將攪拌好的麵團從鋼盆中取出，撒上手粉，從兩側向上抓起後往前折、收入底部。接著再從上下抓起麵團，90度轉向後，翻面往前折、收入底部。

2 重複相同動作至麵團收圓、表面光滑後，放入已經撒上手粉的烤盤上，放置在溫度30℃、濕度70%的環境下45-50分鐘，做基本發酵。

▊ III·翻面、延續發酵 ▊

1 準備第一次翻面。將基本發酵完成的麵團取出，表面撒上一些手粉，倒扣到工作檯上，四邊整型成長方形，並用十隻手指由上往下按壓，將空氣排出。

2 將靠近身體這一側的麵團往上折 1/3，再將上方麵團往下折 1/3 後壓實。

3 將左邊麵團往右折 1/3，再將右邊麵團往左折 1/3 後壓實。

4 將麵團從前方往後翻折，收到麵團底部。重複相同動作，將麵團收圓至表面光滑即可。

5 將翻面完成的麵團放到烤盤上，放置在溫度 30℃、濕度 70% 的環境下 45-50 分鐘，做第二次發酵。

IV·第二次翻面、發酵

1 準備第二次翻面。將第二次發酵完成的麵團取出，表面撒上一些手粉，倒扣到工作檯上，四邊整型成長方形，並用十隻手指由上往下按壓，將空氣排出。

2 將靠近身體這一側的麵團往上折 1/3，再將上方麵團往下折 1/3 後，以拍打方式壓實。

3 將左邊麵團往右折 1/3，再將右邊麵團往左折 1/3 後壓實。

4 將麵團從前方往後翻折，收到麵團底部。將麵團收圓、表面光滑即可。

5 將翻面完成的麵團放到烤盤上，放置在溫度 30℃、濕度 70% 的環境下 45-50 分鐘，做第三次發酵。

V·整型、最後發酵

1 準備發酵用帆布，鋪在烤盤上，並均勻撒上手粉。

2 將發酵完成的麵團表面撒上一些手粉，倒扣到帆布上。

3 用十隻手指由上往下按壓，壓出不規則的面，並抓捏四角整型成厚度約 2 公分的長方形。蓋上帆布後，放置在溫度 30℃、濕度 70% 的環境下 45-50 分鐘，做最後發酵。

VI·分割、烘烤出爐

1 取出最後發酵完成的麵團，可先將不平整的邊邊去除。

2 麵團上均勻撒上高粉後，先對切一半，每一半均切成 4 等分，最後可以切出 8 塊。

3 放入已經預熱至上火 240℃ / 下火 210℃的烤箱中，噴蒸氣 4 秒，烘烤 8 分鐘，再把烤盤前後對調，續烤約 6 分鐘至表面呈現金黃色即可取出放涼。

番茄火腿 起司巧巴達

材料（1 個份）

巧巴達	1 個	大番茄	3 片
火腿	3 片	瑪茲瑞拉起司	3 片
橄欖油	適量		

作法

1. 將巧巴達橫剖一刀，但不切斷。在麵包中間均勻抹上橄欖油。
2. 將起司片、番茄片、火腿片依序夾入巧巴達中即完成。

水果麵包

難易度 ★★★★★

水果麵包在義大利是節慶的象徵，
聖誕時期，家家戶戶餐桌上必少不了其蹤跡。
不但可以在常溫下保存較長時間，
甚至比起剛出爐，靜置 3 天熟成後更有滋味。

• 剖面組織 ◦ Cut

刷過蛋液再烘烤的頂部表皮，顏色深，帶有光澤感. | 內部組織軟綿，中間的果乾均勻分布在各處 | 氣孔大小不一，分布緊密，呈奶油黃的色澤

• 材 料 ◦ Ingredients

製作分量：4 個【一個 500g】

麵團	重量（g）	百分比（%）
T55 法國麵粉	800	100
細砂糖	190	23.6
高糖酵母	12	1.5
鹽	12	1.5
蛋黃	320	40
牛奶	280	35

使用模具：直徑 12cm × 高 10cm 的圓柱形紙模

	重量（g）	百分比（%）
蜂蜜	12	1.5
無鹽奶油	236	29.5
蘭姆酒水果乾（製作方法詳見 P149）	528	66
總 計	2390	298.6

裝飾	重量（g）	百分比（%）
全蛋液	適量	-

• 製作工法與流程 ◦ Outline

I 麵團攪拌	II 基本發酵	III 分割 中間發酵	IV 整型 最後發酵	V 裝飾 烘烤出爐
◆用低速攪拌成團 ◆靜置 30 分鐘 ◆改中速，攪拌至完成階段	◆溫度 30℃、濕度 70% ◆基本發酵 60 分鐘	◆平均分割成重 500 公克的麵團 ◆溫度 30℃、濕度 70% ◆中間發酵 30 分鐘	◆溫度 30℃、濕度 70% ◆最後發酵 90 分鐘	◆表面刷上全蛋液 ◆上火 170℃ / 下火 170℃，烤 25-30 分鐘

• 工法步驟 。 Directions

Ⅰ·麵團攪拌

1 攪拌盆中先放入蛋黃、牛奶、蜂蜜，倒入 T55 法國麵粉、細砂糖、鹽、酵母，將勾型攪拌棒裝入攪拌器中。

2 開始以低速攪拌到粉狀感消失、成團後靜置 30 分鐘，再改成中速攪拌。當麵團表面逐漸變得光滑柔軟，原本沾黏的攪拌盆周圍也變得乾淨光亮時，取出一小塊麵團輕拉出薄膜，如果呈半透明、洞口邊緣為鋸齒狀，即表示到達擴展階段，可加入在室溫下回軟的奶油繼續攪拌。

3 取一小塊麵團出來拉出薄膜，若洞口平滑、幾乎沒有鋸齒狀，就表示麵團已經打到完成階段。

4 此時可以加入瀝乾水分的蘭姆酒水果乾略微攪拌，不需攪拌過久以免果乾碎裂。

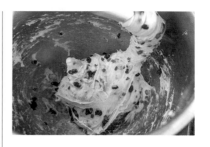

Ⅱ·基本發酵

1 將攪拌好的麵團從鋼盆中取出，倒扣到工作檯上，表面撒上一些手粉，輕輕拍打，幫助麵團內的空氣排出。

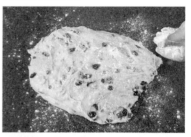

2 從兩側將麵團向上抓起，向前折收入底部。接著從上下抓起麵團，90 度轉向後，翻面向前折，順勢收入底部。用切麵刀和手將麵團收圓，放到撒上手粉的烤盤上，放置在溫度 30℃、濕度 70% 的環境下，基本發酵 60 分鐘。

T·I·P 水果麵包的麵團水分較多、很軟，過程中需用切麵刀輔助。

3 發酵前後的麵團，看起來有明顯的差異。

▌III·分割、中間發酵 ▌

1 將基本發酵完成的麵團表面撒上一些手粉，輕輕拍打，幫助空氣排出。接著倒扣到工作檯上，表面撒上一些手粉，將上下稍微拉成四方形後，分割成每個重 500 公克的小麵團。

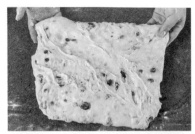

2 取一顆分割好的麵團，用手稍微拍平後，從兩側將麵團抓起往前對折，再轉向 90 度，重複一次抓起麵團後對折的動作。接著將收口朝下，滾圓。依序整型完其他麵團後放到烤盤上，放置在溫度 30℃、濕度 70% 的環境下，中間發酵 30 分鐘。

▌IV·整型、最後發酵 ▌

1 取出中間發酵完成的麵團，放到工作檯上，輕輕拍打幫助空氣排出後，將麵團翻面。

2 接著將麵團往下折 1/3 後，依序抓起四周的麵團往中心點收，收完一圈後，翻面滾圓。

3 把滾圓後的麵團翻面拿在手上，讓底部不平整面朝上。用手指把四周麵團往中心捏合收口。

4 將完成的麵團收口朝下放入紙杯容器裡。依序完成其他的麵團後，放置在溫度 30℃、濕度 70% 的環境下，做最後發酵 90 分鐘。

V‧裝飾、烘烤出爐

1 取出最後發酵好的麵團，在上面均勻塗抹上全蛋液後，用刀片在表面劃出十字。接著從中心點，用手指抓起割痕上的四個角，往後翻黏到麵團上。

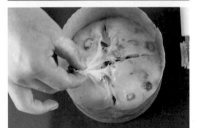

2 放入已經預熱至上火 170℃ / 下火 170℃的烤箱中，烘烤 25-30 分鐘，等表面呈現金黃色後，即可取出放涼。

‧蘭姆酒水果乾‧

材料

	重量（g）
葡萄乾	176
蔓越梅乾	176
橙皮丁	176
蘭姆酒	蓋過果乾的量

＊果乾的比例為 1：1：1

製作方法

水果乾以蘭姆酒浸泡靜置一天，即可取出，瀝乾備用。

奧地利
Austria

二

位於核心地帶的中歐內陸，毗鄰諸國的奧地利，
除了是著名的音樂之都，其歷史悠久的飲食文化，
更深深影響歐洲各國的飲食發展。舉凡可頌、丹麥，
最初的起源，都來自這個「麵包的故鄉」，
受大自然恩賜的富饒之地。

脆麵包棒
/ SALZSTANGEN /

脆麵包棒的原文是由「Salz（鹽）」和「Stangen（棒）」所組成。
烘烤後外層薄脆、中心鬆軟有彈性，
鹹香中帶有淡淡甜味，很適合搭配火腿或培根一起食用。

• 剖面組織 。 Cut

外皮金黃酥脆，表面撒有 | 呈現兩端尖尖的牛角狀， | 組織的氣孔均勻分布，口
少許鹽之花和凱莉茴香 | 表面看得到捲起的螺旋紋 | 感柔軟有層次，帶鹹香味

• 材料 。 Ingredients

製作分量：7 個【一個 120g】

麵團	重量（g）	百分比（%）
T55 法國麵粉	450	90
低筋麵粉	50	10
奶粉	15	3
鹽	12	2.4
低糖酵母	6	1.2
蜂蜜	20	4
水	140	28
牛奶	100	20

	重量（g）	百分比（%）
雞蛋	50	10
無鹽奶油	15	3
總 計	858	171.6

裝飾	重量（g）	百分比（%）
凱莉茴香	少許	-
鹽之花	少許	-

• 製作工法與流程 。 Outline

I 麵團攪拌 → II 基本發酵 → III 分割 中間發酵 → IV 整型 最後發酵 → V 裝飾 烘烤出爐

- **I**
  - 用低速攪拌成團
  - 改中速，攪拌至完成階段
- **II**
  - 溫度 30℃、濕度 70%
  - 基本發酵 60 分鐘
- **III**
  - 平均分割成重 120 公克的麵團
  - 整型成水滴狀
  - 溫度 30℃、濕度 70%
  - 中間發酵 30 分鐘
- **IV**
  - 整型成牛角狀
  - 溫度 30℃、濕度 70%
  - 最後發酵 45 分鐘
- **V**
  - 噴水，撒上凱莉茴香與鹽之花
  - 上火 210℃ / 下火 180℃，烤 8 分鐘
  - 上火 190℃ / 下火 0℃，烤 6-8 分鐘

• 工法步驟 ○ Directions

▌I · 麵團攪拌 ▌

1 攪拌盆中先放入 T55 法國麵粉、低筋麵粉、鹽、奶粉，再倒入事先混合均勻的水、蜂蜜與酵母，以及牛奶、雞蛋、奶油。

2 勾型攪拌棒裝入攪拌器中，開始以低速攪拌約 3 分鐘，攪拌到粉狀感消失，改成中速攪拌約 7 分鐘。等到原本沾黏的攪拌盆周圍變得乾淨光亮，麵團表面從粗糙變得光滑柔軟，取一小塊麵團出來，如果可以拉出洞口平滑、沒有鋸齒狀的透光薄膜，就表示麵團已經完成。

▌II · 基本發酵 ▌

1 將攪拌好的麵團放到工作檯上，略微整型，從兩側向上抓取後往前折、收入底部，再從上下兩側抓起，90 度轉向並翻面後往前折，順勢收入底部。直到麵團表面光滑，即可移入烤盤，放置在溫度 30℃、濕度 70% 的環境下，做基本發酵 60 分鐘。

▌III · 分割、中間發酵 ▌

1 將做好基本發酵的麵團倒扣到工作檯上，撒上手粉，分割成每個重 120 公克的麵團。輕拍麵團、排出空氣，讓麵團約呈長方形後，翻面，光滑面朝下。

2 取一塊麵團，將其中一邊往中間折一小段後，從上往下翻捲約 1/3，再往下翻捲到底。接著將手掌放在麵團上方，稍微前後滾動，整型成一端寬、一端窄的水滴狀。

3 將所有麵團整型完成，放入烤盤。放置在溫度 30℃、濕度 70% 的環境下，做中間發酵 30 分鐘。

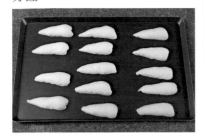

IV·整型、最後發酵

1 將做好中間發酵的麵團取出放在工作檯上，收口朝下，略微拍扁排氣後，用擀麵棍從麵團中間往上下擀開，使其拉長延展成一端較寬、一端較窄的模樣。

2 先將上端麵團反折一小段，接著右手一邊往下捲壓麵團，左手一邊拉伸尾端。將麵團從寬處往窄處捲起，整型成牛角狀。

T·I·P 捲麵團的過程中，右手每捲一次，就輕微地前後滾動麵團，讓麵團往兩側延展。

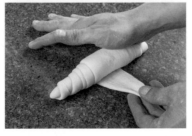

3 捲完後稍微前後滾動，讓接口處閉合，收口朝下放入烤盤中。放置在溫度 30℃、濕度 70% 的環境下，做最後發酵 45 分鐘。

V·裝飾、烘烤出爐

1 取出完成最後發酵的麵團，在每個麵團上均勻噴水，再撒上凱莉茴香以及鹽之花。

2 放入已經預熱至上火 210℃／下火 180℃的烤箱中烘烤 8 分鐘，改成上火 190℃、關掉下火，繼續烘烤 6-8 分鐘即可取出放涼。

KRANZ BREAD ———

克蘭茲麵包

難易度 ★★★★

對台灣人來說較陌生的克蘭茲麵包，在歐美國家相當普遍。
原文「Kranz」的名稱，取自「花圈」的意思，
口感介於蛋糕和麵包之間，使用帶有甜味的麵團，
捲入酒香榛果巧克力內餡，製成大理石般的美麗紋路。

• 剖面組織 。 Cut

| 刷上杏桃果膠的表面光亮，散發檸檬膏的溫和香氣 | 氣孔綿密、分布均勻，夾層中是帶有顆粒的榛果餡 | 口感豐富有層次，咀嚼後會散發出榛果及蘭姆酒香 |

• 材料 。 Ingredients

製作分量：12 個【一個 100g】

麵團	重量（g）	百分比（%）
高筋麵粉	500	100
老麵種	75	15
細砂糖	130	26
鹽	6	1.2
高糖酵母	5	1
牛奶	150	30
雞蛋	180	36
檸檬膏	15	3
香草醬	3	0.6
無鹽奶油	150	30
總 計	1214	242.8

* 老麵種製作方法請參照 P24

使用模具：長 20cm× 寬 5.5cm× 高 4cm 的 U 型模

內餡與裝飾	重量（g）	百分比（%）
榛果餡（製作方法詳見 P161）	600	-
杏桃果膠	適量	-
全蛋液	適量	-

• 製 作 工 法 與 流 程 。 Outline

| I 麵團攪拌 | II 基本發酵 | III 分割 中間發酵 | IV 整型填餡 最後發酵 | V 烘烤出爐 裝飾 |

◆用低速攪拌成團
◆改中速，攪拌至擴展階段
◆加入奶油，攪拌至完成階段

◆溫度 30℃、濕度 75%
◆基本發酵 60 分鐘

◆平均分割成重 100 公克的麵團
◆滾圓
◆溫度 30℃、濕度 75%
◆中間發酵 30 分鐘

◆擀平、抹榛果餡
◆整型成雙辮子
◆溫度 30℃、濕度 75%
◆最後發酵 60 分鐘

◆表面刷蛋液
◆上火 190℃ / 下火 210℃，烤 8 分鐘
◆上火 170℃ / 下火 190℃，烤 12 分鐘
◆刷上杏桃果膠

• 工法步驟 ∘ Directions

▍I · 麵團攪拌 ▍

1 攪拌盆中先放入高筋麵粉、細砂糖、鹽以及老麵種，將酵母、牛奶、雞蛋、檸檬膏、香草醬混合均勻後倒入攪拌盆中。

2 勾型攪拌棒裝入攪拌器中，開始以低速攪拌約 2 分鐘，攪拌到粉狀感消失，改成中速攪拌約 9 分鐘。等麵團表面從粗糙逐漸變光滑柔軟，原本沾黏的攪拌盆周圍也變得乾淨光亮，取一小塊麵團出來，如果已經具有延展性，能拉出幾乎沒有鋸齒狀的薄膜，即可加入室溫回軟的奶油。

3 以低速攪拌 2 分鐘，讓麵團吃油，再改中速攪拌約 2 分鐘，讓油脂完全融合，即可取一小塊麵團出來拉薄膜，如果薄膜變得更透光、洞口平滑無鋸齒狀，就表示已經達到完成階段。

▍II · 基本發酵 ▍

1 將麵團放到工作檯上，從兩側向上抓取後往前折、收入底部，再從上下兩側抓起，90 度轉向並翻面後往前折，收入底部，滾圓到表面光滑即可移入烤盤，放置在溫度 30℃、濕度 75% 的環境下，做基本發酵 60 分鐘。

▍III · 分割、中間發酵 ▍

1 取出基本發酵完的麵團，倒扣到工作檯上，分割成每個重 100 公克的小麵團。

2 手以同方向畫圓的方式將麵團滾圓後，移入烤盤。放置在溫度 30℃、濕度 75% 的環境下，做中間發酵 30 分鐘。

■ IV·整型填餡、最後發酵 ■

1 將做完中間發酵的麵團取出，撒上手粉後稍微壓扁。

2 用擀麵棍從中間往上下擀開，擀成扁平的橢圓型後，翻面。將上方和下方的麵團往兩側延展成一個長方形後，將四角黏在工作檯上固定。

3 接著塗抹榛果餡。將麵團大約分成 3 等分，從上方往下 1 公分的地方開始，均勻塗抹到 2/3 的位置。

4 將麵團下方沒有抹餡的 1/3 往上折，再將上方的 1/3 往下折，覆蓋上去。

5 將麵團旋轉 90 度，以擀麵棍從中間往上下平均擀壓一次後，利用切麵刀從中間對半縱切開，但頂端不切斷。

6 將切開後的兩條麵團互相交叉翻捲，交疊的過程中，讓露出內餡的那面保持朝上。捲完後將尾端略壓固定。

7 將整型好的麵團放入 U 型模內。放置在溫度 30℃、濕度 75% 的環境下，做最後發酵 60 分鐘。

▓ V · 裝飾、烘烤出爐 ▓

1 取出完成最後發酵的麵團，在上面均勻塗抹全蛋液。

2 放入已經預熱至上火 190℃ / 下火 210℃的烤箱中烘烤 8 分鐘，改上火 170℃ / 下火 190℃繼續烘烤 12 分鐘即可取出。

3 取出後脫模，在表面均勻塗抹杏桃果膠即完成。

・榛果餡・

材料

	重量（g）	百分比（%）
nutella 榛果醬	300	50
杏仁粉	150	25
杏仁角碎	90	15
無鹽奶油	30	5
黑蘭姆酒	30	5
總 計	600	100

＊此處為實際百分比

製作方法

1. 先將 nutella 榛果醬、杏仁粉、杏仁角碎、奶油混合均勻。
2. 再加入黑蘭姆酒一起拌勻即可。

凱薩麵包

/ KAISERSEMMEL /

發源自奧地利的凱薩麵包，在德國、瑞士等國家也隨處可見，
表面的花紋看起來就像一頂皇冠，所以用代表皇帝的凱薩來命名。
上頭的紋路早期是以手工折出來的，但現在多改用壓模塑型。
橫剖半夾入火腿、起司做成三明治，是當地普遍的吃法。

• 剖面組織 。 Cut

| 表面鋪滿罌粟籽，壓模壓 | 烤色金黃，外層硬脆、中 | 有大有小的氣孔密布，口 |
| 出的花紋裂成皇冠般形狀 | 間的組織柔韌有彈性 | 感軟中帶 Q、斷口性佳 |

• 材料 。 Ingredients

製作分量：8 個【一個 110g】

麵團	重量（g）	百分比（%）
T55 法國麵粉	450	90
低筋麵粉	50	10
鹽	15	3
奶粉	15	3
低糖酵母	5	1
無鹽奶油	15	3

使用模具：凱薩麵包專用壓模

	重量（g）	百分比（%）
麥芽精	3	0.6
水	330	66
總 計	883	176.6

裝飾	重量（g）	百分比（%）
罌粟籽	適量	-

• 製作工法與流程 。 Outline

I 麵團攪拌
- 用低速攪拌成團
- 改中速，攪拌至完成階段

II 基本發酵
- 溫度 28℃、濕度 70%
- 基本發酵 90 分鐘

III 分割 中間發酵
- 平均分割成重 110 公克的麵團
- 滾圓
- 溫度 28℃、濕度 70%
- 中間發酵 30 分鐘

IV 整型 最後發酵
- 整成圓形
- 壓紋路
- 溫度 28℃、濕度 70%
- 最後發酵 40 分鐘

V 烘烤出爐
- 上火 230℃ / 下火 210℃，烤 6 分鐘
- 上火 210℃ / 下火 0℃，烤 12 分鐘

• 工法步驟 ◦ Directions

▌I·麵團攪拌 ▌

1 攪拌盆中先放入 T55 法國麵粉、低筋麵粉、鹽、奶粉、奶油，再倒入事先混合均勻的麥芽精、水與酵母。

2 勾型攪拌棒裝入攪拌器中，開始以低速攪拌約 1 分鐘到粉狀感消失，改中速進行攪拌約 8 分鐘。等麵團粗糙的表面逐漸變得光滑柔軟，原本沾黏的攪拌盆周圍也變得乾淨，取一小塊麵團出來，若能拉出洞口平滑、沒有鋸齒狀的透光薄膜，就表示麵團已經完成。

▌II·基本發酵 ▌

1 將攪拌好的麵團放到工作檯上，略微整型，從兩側向上抓取後往前折、收入底部，再從上下兩側抓起，90 度轉向並翻面後往前折，順勢收入底部。將麵團滾圓到表面光滑，即可移入烤盤，放置在溫度 28℃、濕度 70% 的環境下，做基本發酵 90 分鐘。

▌III·分割、中間發酵 ▌

1 將基本發酵好的麵團取出，倒扣到工作檯上，抓起四邊整型成長方形後用十隻手指由上往下按壓，分切成每個重量為 110 公克的麵團。分割後輕拍麵團，幫助空氣排出。

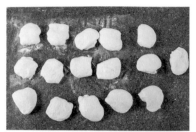

2 將靠近身體一側的麵團往前折 1/3，再折一次後順勢往下收口到底部、壓實。翻面並轉向 90 度後，重複一次同樣的動作。

3 收口朝下，手掌以同方向畫圓的方式滾圓麵團。放入烤盤中，放置在溫度 28℃、濕度 70%的環境下，做中間發酵 30 分鐘。

IV·整型、最後發酵

1 取出做完中間發酵的麵團，放置工作檯上，撒上手粉後，再輕拍麵團排出空氣。翻面，讓光滑面朝下。

2 取麵團一角往中心點翻折，依序把麵團邊緣以順時鐘方向折進中心點，收折完畢後翻過來畫圈滾圓。

3 把麵團放在左手掌心，一邊轉動麵團，右手一邊以拇指與食指捏住麵團中心將周圍往內捏合，最後壓平中心，完成收口。

4 準備一條乾淨的濕毛巾，鋪在盤子上備用。並在寬口的容器裡盛裝罌粟籽。抓起麵團收口處，沾一下濕毛巾，再均勻沾裹罌粟籽。

5 在每一個完成的麵團上，以凱薩麵包專用壓模壓出紋路。

6 麵團收口朝上，放置帆布上，放置在溫度 28℃、濕度 70% 的環境下，做最後發酵 40 分鐘。圖片為發酵後的樣子。

■ V · 烘烤出爐

1 取出完成最後發酵的麵團，並事先準備好木板，將麵團從帆布中輕輕翻到板上，再輕輕滾到烤盤中，沾有罌粟籽的那面朝上，過程中動作儘量放輕，以免發酵好的麵團消氣。

2 放入已經預熱至上火 230℃ / 下火 210℃ 的烤箱中烘烤 6 分鐘，改上火 210℃、關掉下火，繼續烘烤 12 分鐘即可取出。

B·O·X 如果沒有壓模，也有用手折出紋路的方法。

1 一開始將拇指擺在麵團中心點，將一角拉到中心點後，用手掌側面往下切，形成第一道折痕。接著折第二角，並將手掌往下切。

2 依照同樣方式，再重複 2 次。做出 4 道折痕。

3 最後一折要塞進中間的空隙處，多餘的麵團往下折，壓在中心點，這樣就做出了紋路。

⌐ 火腿起司三明治 ⌐

材料（1個份）

凱薩麵包	**1** 個	美生菜	適量
去骨熟火腿	**2** 片	橄欖油	適量
切達起司	**1** 片		

作法

1. 美生菜洗淨後取出完整的葉片。
2. 火腿切薄片備用。
3. 切達起司切薄片備用。
4. 麵包橫切，在剖面上抹橄欖油，放入烤箱回烤加熱。
5. 依序擺上切達起司、火腿片、美生菜，將另一半麵包蓋上即完成。

咕咕霍夫麵包

/ KUGELHOPF /

發源自奧地利的咕咕霍夫，在歐洲已有相當深遠的歷史，
謠傳法皇路易十六的皇妃瑪麗安東尼，最愛的便是這款麵包。
倒扣後如帽子般的外型，又被稱為「僧帽麵包」，
如蛋糕般濕潤的口感，是歐洲各國節慶時常端上桌的美味。

• 剖面組織 。 Cut

| 用模具製成小山般的經典特殊造型 | 奶油含量高，呈淡黃色，組織鬆軟綿密、入口即化 | 氣孔小而密，散發葡萄乾和橘皮丁的濃郁果香 |

• 材料 。 Ingredients

製作分量：5 個【一個 470g】

麵團	重量（g）	百分比（%）
高筋麵粉	880	100
細砂糖	220	25
鹽	16	1.8
奶粉	44	5
檸檬膏	8	1
高糖酵母	12	1.3
蛋黃	176	20
水	440	50
無鹽奶油	264	30
葡萄乾	352	40

使用模具：直徑 18cm× 高 14cm 的咕咕霍夫模

	重量（g）	百分比（%）
橘皮丁	52	6
總 計	2464	280.1

裝飾	重量（g）	百分比（%）
整顆杏仁粒	少許	-
融化奶油	適量	-
糖粉	適量	-

T·I·P 事先將葡萄乾、橘皮丁混合後，加入總重一半的黑蘭姆酒〈配方外〉冷藏醃漬 3 天，瀝乾後備用。

• 製作工法與流程 。 Outline

I 麵團攪拌	II 基本發酵	III 分割中間發酵	IV 整型最後發酵	V 烘烤出爐
◆用低速攪拌成團 ◆改中速，攪拌至擴展階段 ◆加入奶油，攪拌至完成階段 ◆加入果乾混勻	◆溫度 26℃、濕度 60% ◆基本發酵 120 分鐘	◆平均分割成重 470 公克的麵團 ◆溫度 26℃、濕度 60% ◆中間發酵 30 分鐘	◆整成圈形後入模 ◆溫度 28℃、濕度 70% ◆最後發酵 120 分鐘	◆上火 180℃ / 下火 210℃，烤 15 分鐘 ◆上火 0℃ / 下火 210℃，烤 30-35 分鐘

• 工法步驟 ◦ Directions

▌I·麵團攪拌 ▌

1 攪拌盆中先放入高筋麵粉、細砂糖、鹽、奶粉、檸檬膏，再倒入已經混合均勻的蛋黃、酵母與水。

2 將勾型攪拌棒裝入攪拌器中，開始以低速攪拌 2 分鐘到粉狀感消失，改中速攪拌約 9 分鐘。當麵團表面從粗糙逐漸變得光滑柔軟，原本沾黏的攪拌盆周圍也變得乾淨光亮後，取一小塊麵團出來，如果麵團已經具有延展性，能拉出幾乎沒有鋸齒狀的薄膜，即可加入室溫回軟的奶油。

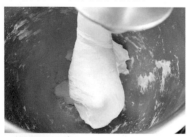

3 以低速攪拌 3 分鐘，讓麵團吃油，再改中速攪拌約 2 分鐘，讓油脂完全融合，即可取一小塊麵團出來拉薄膜，如果薄膜變得更透光、洞口平滑無鋸齒狀，就表示已經達到完成階段。

4 加入事先浸泡過黑蘭姆酒的葡萄乾與橘皮丁，以低速略微拌勻一下即可。

▌II·基本發酵 ▌

1 將攪拌好的麵團從盆中取出，放到工作檯上，略微整型，從兩側向上抓取後往前折、收入底部，再從上下兩側抓起，90 度轉向並翻面後往前折，順勢收入底部。將麵團滾圓到表面光滑，即可移入烤盤，放置在溫度 26℃、濕度 60% 的環境下，做基本發酵 120 分鐘。

▌III·分割、中間發酵 ▌

1 將基本發酵好的麵團取出，倒扣到工作檯上，抓起四邊整型成長方形後用十隻手指由上往下按壓，分切成每個重量為 470 公克的麵團。接著輕拍麵團，幫助空氣排出。

2 將靠近身體一側的麵團往前折 1/3，再折一次後順勢往下收到底部、壓實。翻面並轉向，重複一次同樣的動作。收口朝下，手掌以同方向畫圓的方式將麵團滾圓後，移入烤盤，放置在溫度 26℃、濕度 60% 的環境下，做中間發酵 30 分鐘。

▌IV·整型、最後發酵 ▌

1 將中間發酵好的麵團取出，在上面撒上一些手粉，移到工作檯上，以同方向畫圈滾圓。

2 把麵團放在手掌心，收口朝上，一邊轉動一邊以右手拇指將麵團周圍往中間推合。最後捏緊中心使其密合，完成收口。

3 將麵團收口朝下，以兩手拇指下壓麵團中間處，做出孔洞，再拿起麵團，一邊旋轉、擴大孔洞，一邊把麵團整型成圈狀。

4 在模具內側刷上一層奶油，底部擺一圈杏仁粒，再放入麵團圈並壓實，避免產生縫隙。

5 將入模的麵團放置在溫度28℃、濕度70% 的環境下，做最後發酵 120 分鐘。圖片為發酵後的樣子。

■ V·烘烤出爐

1 將發酵好的麵團放入已經預熱至上火 180℃ / 下火 210℃ 的烤箱中，烘烤 15 分鐘後，關掉上火，續烤 30-35 分鐘即完成。

2 將烤好的麵包倒扣出來放涼。

瑞士
Switzerland

在《阿爾卑斯山的少女》中，窮人啃著乾硬的黑麵包，
而富人餐桌上的白麵包鬆軟得令人驚艷。
但實際上，瑞士的麵包並沒有這種明顯的顏色區別，
要說的話，刷上蛋液烘烤的紅褐色澤，
也許更具代表性。

BRIOCHE PARISIENNE

蝸牛麵包

難易度 ★★

這款麵包使用的麵團和國王麵包大同小異，
在瑞士常常看見像這樣做成各種造型的小麵包。
做起來不難，很適合家中有小朋友的家庭，
簡單樸實的好吃，可說是瑞士人最熟悉的家鄉味。

• 剖面組織 ◦ Cut

| 捲起來的外型，就像背著殼的蝸牛 | 表面刷過蛋液，呈現油亮的紅褐色 | 氣孔小而密，偶有一些較大的孔洞 |

• 材料 ◦ Ingredients

製作分量：6 個【一個 80g】

麵團	重量（g）	百分比（%）
T55 法國麵粉	235	100
細砂糖	48	20.1
鹽	3	1.2
奶粉	9	3.8
高糖酵母	4	1.7
雞蛋	81	34.3
水	48	20.6

	重量（g）	百分比（%）
冰塊	21	8.6
無鹽奶油	37	15.4
總 計	486	206

裝飾	重量（g）	百分比（%）
全蛋液	適量	-

• 製作工法與流程 ◦ Outline

I 麵團攪拌 → II 基本發酵 翻面 → III 分割 中間發酵 → IV 整型 最後發酵 → V 裝飾 烘烤出爐

- 使用低速，攪拌至擴展階段
- 改中速，攪拌至完成階段

- 溫度 28℃、濕度 70%
- 基本發酵 60 分鐘
- 翻面，延續發酵 15 分鐘

- 平均分割成重 40 公克的麵團
- 滾圓
- 溫度 28℃、濕度 70%
- 中間發酵 15 分鐘

- 搓成長條狀
- 整型成蝸牛形狀
- 溫度 35℃、濕度 70%
- 最後發酵 50 分鐘

- 表面刷蛋液
- 上火 210℃ / 下火 180℃，烤 8 分鐘
- 上火 180℃ / 下火 180℃，烤 6 分鐘

• 工法步驟 ◦ Directions

▌Ｉ·麵團攪拌 ▌

1 攪拌盆中先放入 T55 法國麵粉、細砂糖、鹽、奶粉，接著將高糖酵母、水、雞蛋攪拌均勻後，倒入攪拌盆中，最後再加入冰塊。

2 攪拌器裝入勾型攪拌棒，先以低速攪拌約 5 分鐘成團。等原本沾黏的攪拌盆周圍變得乾淨光亮，且麵團表面粗糙感消失，變得光滑柔軟時，即可放入在室溫下回軟的奶油。

3 先以低速攪拌 1 分鐘至均勻，再改中速攪拌約 3 分鐘，持續攪拌到可以拉出洞口平滑、幾乎沒有鋸齒狀的透光薄膜，就表示麵團已經完成。

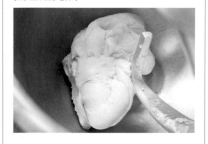

▌Ⅱ·基本發酵、翻面 ▌

1 將攪拌好的麵團從攪拌盆中取出，從兩側向上抓起後，向前折收入底部。再從上下兩側抓起，90 度轉向並翻面後向前折，順勢收入底部，滾圓至光滑。放置在溫度 28℃、濕度 70% 的環境下，做基本發酵 60 分鐘。

2 接下來進行翻面動作。將麵團用手按壓、排出空氣後，從左側往右折 1/3，再從右側往左折疊，覆蓋之前的反折處；接著從下側往上折 1/3，再從上側往下折疊，覆蓋之前的反折處。翻面後收口朝下，稍微收圓。放置在溫度 28℃、濕度 70% 的環境下，延續發酵 15 分鐘。

▌Ⅲ·分割、中間發酵 ▌

1 取出基本發酵好的麵團，撒上手粉，用手拍出中間的空氣後，分割成 12 個重 40 公克的小麵團，並依序滾圓。

2 將滾圓的麵團，放置在溫度28℃、濕度70%的環境下，做中間發酵15分鐘。

IV · 整型、最後發酵

1 將做完中間發酵的麵團取出，放在工作檯上，先用手拍扁後，以擀麵棍來回擀壓成橢圓麵皮。

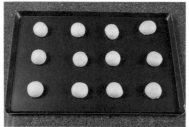

2 用切麵刀鏟起麵皮後，翻面，並轉成橫向的橢圓形。將麵皮底部兩端往兩側拉成梯形，黏在工作檯上固定。接著把手指放在麵皮底端，往下拉出薄薄的鋸齒狀，一樣黏在工作檯上固定。最後將麵皮上方兩邊往外拉，成為長方形。

T·I·P 先整型成長方形再捲起，前後的寬度才會一致，形狀比較好看。

3 將麵皮由上往下慢慢捲起。捲的時候不要直接捲到底，先將手指放在麵團前方，往下讓麵皮翻折一圈後，再放回麵團前方，翻捲下一圈。

T·I·P 收尾時，上個步驟拉出的鋸齒狀薄膜，會緊密貼合在麵團上。

4 捲完後，用雙手搓揉滾動麵團，從中間往兩側延展，搓出兩種不同長度的麵團，分別為30公分和15公分，各6條。接著靜置10分鐘鬆弛。

T·I·P 若不先經過鬆弛，帶有彈性的麵團會不斷收縮，很難整型。

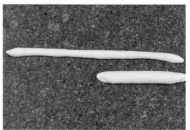

5 取長度 30 公分的條狀麵團，從一端開始捲曲，直到完全捲完為止，做成蝸牛的殼。

6 接著取另一條 15 公分的條狀麵團，將兩端略微搓尖，用切麵刀從中間縱切成兩半，約切到一半的長度。並將切開來的部分打開，做出蝸牛的身體。

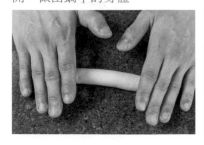

7 將做好的蝸牛殼和身體組合起來，放置在溫度 35℃、濕度 70% 的環境下，做最後發酵 50 分鐘。

■ V·裝飾、烘烤出爐 ■

1 取出最後發酵完成的麵團，在表面均勻塗抹上全蛋液。

T·I·P 注意接縫處也要仔細塗上蛋液，烤出來的顏色才會均勻漂亮。

2 放入已經預熱至上火 210℃ / 下火 180℃的烤箱中，烘烤 8 分鐘後，改以上火 180℃ /180℃，烘烤 6 分鐘，即可取出。

國王麵包

/ BRIOCHE PARISIENNE /

每年 1 月 6 日「三王節」，是西方聖誕假期的尾聲。
在這一天，瑞士家庭會準備象徵臣子圍繞在周圍的國王麵包，
並且在其中一個小麵包中，藏有小小的國王人偶，
幸運吃到的人，便能戴上紙皇冠，當一天意氣風發的國王。

• 剖面組織 。 Cut

| 表面刷有蛋液，烤後呈深沉油亮的紅褐色 | 細小的氣孔分布均勻，壓起來紮實綿密 | 麵團中散布適量果乾，增添口感的層次 |

• 材料 。 Ingredients

製作分量：2 個【一個 300g】

麵團	重量（g）	百分比（%）
T55 法國麵粉	265	100
細砂糖	55	20
鹽	4	1.2
奶粉	10	4
高糖酵母	4	1.6
雞蛋	85	32
水	55	20

	重量（g）	百分比（%）
冰塊	22	8
無鹽奶油	41	15.2
葡萄乾	106	40
總 計	647	242

裝飾	重量（g）	百分比（%）
全蛋液	適量	-

• 製作工法與流程 。 Outline

I 麵團攪拌 → **II 基本發酵** → **III 分割整型** → **IV 最後發酵** → **V 裝飾烘烤出爐**

- **I 麵團攪拌**
  - 使用低速，攪拌至擴展階段
  - 改中速，攪拌至完成階段
  - 加入葡萄乾，略微拌勻

- **II 基本發酵**
  - 溫度 28℃、濕度 70%
  - 基本發酵 60 分鐘

- **III 分割整型**
  - 麵團分割成重 60 公克 ×2 個以及 30 公克 ×16 個
  - 滾圓後分別排列成皇冠狀

- **IV 最後發酵**
  - 溫度 35℃、濕度 70%
  - 最後發酵 50 分鐘

- **V 裝飾烘烤出爐**
  - 表面刷蛋液
  - 上火 210℃ / 下火 180℃，烤 10 分鐘
  - 上火 180℃ / 下火 180℃，烤 15 分鐘

• 工法步驟 ○ Directions

I·麵團攪拌

1 攪拌盆中先放入 T55 法國麵粉、細砂糖、鹽、奶粉,接著取另一容器,將高糖酵母、水、雞蛋攪拌均勻後,倒入攪拌盆中,最後再加入冰塊。

2 攪拌器裝入勾型攪拌棒,先以低速攪拌約 5 分鐘成團。等原本沾黏的攪拌盆周圍變得乾淨光亮,且麵團表面粗糙感消失,變得光滑柔軟時,即可放入在室溫下回軟的奶油。

3 先以低速攪拌 3 分鐘至均勻,再改中速攪拌約 3 分鐘,持續攪拌到可以拉出洞口平滑、幾乎沒有鋸齒狀的透光薄膜,就表示麵團已經完成。此時再加入葡萄乾,略微拌勻。

T·I·P 加入葡萄乾前,先將麵團分割成小塊,更容易攪拌均勻。

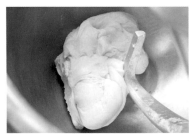

II·基本發酵

1 將攪拌好的麵團從鋼盆中取出,放到工作檯上,從兩側向上抓取後,向前折收入底部。再從上下兩側抓起,90 度轉向並翻面後向前折,順勢收入底部。將麵團滾圓至光滑後,移入烤盤。放置在溫度 28℃、濕度 70% 的環境下,做基本發酵 60 分鐘。

III·分割、整型

1 將基本發酵好的麵團取出後,撒上手粉,用手拍出中間的空氣後,分割成 2 個重 60 公克的小麵團,以及 16 個重 30 公克的小麵團。

2 將分割完的麵團陸續滾圓，放到烤盤上，排成中間 1 顆 60 公克的麵團，四周圍繞 8 顆 30 公克的小麵團的模樣，麵團間要留些許發酵後要膨脹的空隙。

T·I·P 滾圓後的麵團也可以再翻面收口，烤出來的形狀會更漂亮。

IV·最後發酵

1 將麵團放置在溫度 35℃、濕度 70% 的環境下，做最後發酵 50 分鐘。

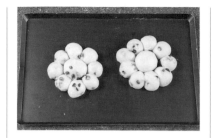

V·烘烤出爐

1 取出最後發酵完成的麵團，稍微調整一下形狀，讓麵團彼此相連。接著在表面均勻塗抹上全蛋液。

2 放入已預熱至上火 210℃ / 下火 180℃的烤箱中烘烤 10 分鐘，改以上火 180℃ / 下火 180℃烘烤 15 分鐘，即可取出放涼。

·烘烤前刷蛋液·

在麵團進爐烘烤前，於表面均勻刷上蛋液，烤出來的麵包較能呈現油亮的光澤感。下圖為有刷蛋液以及沒刷蛋液去烘烤後的對比，能明顯看出色澤上的差異，左側明顯較光亮。

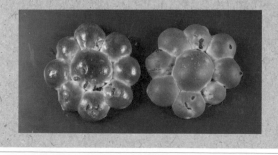

HAZELNUT ROLLS

榛果麵包捲

難易度 ★★★

早在榛果巧克力醬在台灣爆紅之前，
榛果巧克力就已是瑞士街頭巷尾常見的大眾口味。
各家麵包店架上，包裹濃濃抹醬的麵包琳瑯滿目，
還不用靠近，就已經聞到撲鼻的奶油和巧克力香。

• 剖面組織 。 Cut

| 從上下方皆可看到捲成一圈圈的紋路 | 氣孔大小、分布均勻，組織柔軟卻紮實 | 中間塗抹一層榛果巧克力抹醬 |

• 材料 。 Ingredients

製作分量：1 個【一個 350g 】

麵團	重量（g）	百分比（%）
高筋麵粉	175	100
細砂糖	35	20
鹽	3	1.2
奶粉	7	4
高糖酵母	3	1.6
雞蛋	65	36
水	35	20
冰塊	14	8
無鹽奶油	27	15.2
總 計	364	210

使用模具：直徑 22cm× 高 6.5cm 的圓形塔框

內餡與裝飾	重量（g）	百分比（%）
榛果抹醬（製作方法詳見 P189）	130	-
全蛋液	適量	-
防潮糖粉	適量	-

• 製作工法與流程 。 Outline

I 麵團攪拌	II 基本發酵	III 整型填餡鬆弛	IV 分割最後發酵	V 烘烤出爐裝飾
◆使用低速，攪拌至擴展階段 ◆改中速，攪拌至完成階段	◆溫度 28 ℃、濕度 70% ◆基本發酵 60 分鐘	◆擀平後，靜置鬆弛 10 分鐘 ◆抹醬並捲成長條 ◆冷藏鬆弛 60 分鐘	◆分割成 7 等分，總重 350 公克 ◆溫度 35 ℃、濕度 70% ◆最後發酵 50 分鐘	◆表面刷蛋液 ◆上火 220℃ / 下火 200℃，烤 15 分鐘 ◆上火 190℃ / 下火 190℃，烤 10 分鐘 ◆撒糖粉裝飾

• 工法步驟 ◦ Directions

■ I · 麵團攪拌 ■

1 攪拌盆中先放入高筋麵粉、細砂糖、鹽、奶粉，接著將高糖酵母、水、雞蛋攪拌均勻後，倒入攪拌盆中，再加入冰塊。

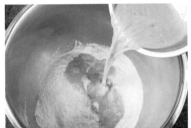

2 攪拌器裝入勾型攪拌棒，先以低速攪拌約 2 分鐘成團。等原本沾黏的攪拌盆周圍變得乾淨光亮，且麵團表面粗糙感消失，變得光滑柔軟時，即可放入在室溫下回軟的奶油。

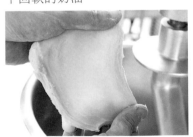

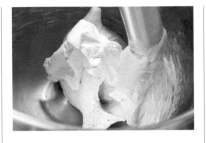

3 先以低速攪拌 1 分鐘至均勻，再改中速攪拌約 3 分鐘，持續攪拌到可以拉出洞口平滑、幾乎沒有鋸齒狀的透光薄膜，就表示麵團已經到完成階段。

■ II · 基本發酵 ■

1 將攪拌好的麵團從鋼盆中取出，從兩側向上抓起後，向前折收入底部。再從上下兩側抓起，90 度轉向並翻面後向前折，順勢收入底部，滾圓至光滑。放置在溫度 28℃、濕度 70% 的環境下，做基本發酵 60 分鐘。

■ III · 整型填餡、鬆弛 ■

1 取出基本發酵好的麵團，倒扣到工作檯上，撒上手粉，用擀麵棍上下擀壓出中間的空氣後，再 90 度翻面，上下擀壓成扁平的正方形。

2 將擀好的麵皮放到烤盤上，靜置鬆弛 10 分鐘。

T·I·P 剛擀開的麵皮充滿彈性，會不斷收縮，必須先鬆弛再使用。

3 取出鬆弛過的麵皮，再用擀麵棍擀壓成 30 公分的長方形。

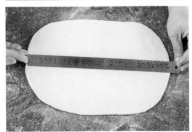

4 在麵皮中間均勻抹上榛果醬，四邊保留約 2 公分的空間不要抹。將麵團從上方開始往下慢慢捲起，在捲的過程中，不要出力按壓，順著往下捲即可。

T·I·P 避免捲得過於鬆散，但也不要太緊，以免烘烤時發生斷裂現象。

5 捲到快收尾時，將麵皮底部兩端往兩側拉成長方形，黏在工作檯上固定，接著用拇指外的所有手指將麵皮底端往下拉薄、黏在工作檯上。捲完後收口朝下，以烘焙紙包裹好，放冰箱冷藏鬆弛 60 分鐘。

T·I·P 麵皮底部先拉薄再收尾，捲起後才會更服貼、牢固。

Ⅳ·分割、最後發酵

1 在烤模上噴上烤盤油。將捲好的麵團先切除前後不平整的部分，再均分為 7 等分的小麵團，總重量約為 350 公克。

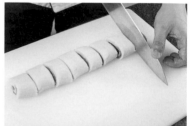

2 將麵團按照下圖擺入模具中。放置在溫度 35℃、濕度 70% 的環境下，做最後發酵 50 分鐘。發酵後膨脹的麵團會連在一起。

■ V·烘烤出爐、裝飾

1 在發酵後的麵團上方均勻刷上全蛋液後，在上面蓋一張烘焙紙，再壓上一個烤盤，放入已經預熱至上火 220℃ / 下火 200℃ 的烤箱中烘烤 15 分鐘，改上火 190℃ / 下火 190℃ 繼續烘烤 10 分鐘。

2 取出時，先移除上方的烤盤、烘焙紙，放至冷卻後脫模。

3 在上方均勻撒上裝飾的防潮糖粉即完成。

BOX 榛果麵包捲的形狀有很多種，沒有一定的限制。如果沒有圓形模具，也可以只做單顆的小麵包，捲一捲直接入爐烘烤。

·榛果抹醬·

材料

	重量（g）	百分比（%）
無鹽奶油	25	18.3
榛果粉	25	18.3
榛果醬	12.5	9
杏仁粉	25	18.3
雞蛋	22.5	16
低筋麵粉	2.5	1.8
糖粉	25	18.3
總計	137.5	100

＊此處為實際百分比

製作方法
1. 將無鹽奶油放置在室溫下回軟。
2. 均勻混合所有材料即完成。

辮子麵包

/ ZOPF /

傳說在歐洲早期，丈夫亡故時，妻子會將自己的髮辮放入丈夫墓中，
後來到 15 世紀後，則漸漸改以這種辮子形狀的麵包代替。
到了現代，這款傳統麵包幾乎成了瑞士家庭的假日必備早餐，
故又被暱稱為「Sunday Bread」，很適合搭配起司或果醬食用。

• 剖面組織 。 Cut

| 刷過蛋液的表面呈現油亮的紅褐色 | 氣孔細小、分布均勻，組織鬆軟卻紮實 | 內部呈現淡黃色的光澤，奶油香氣濃郁 |

• 材料 。 Ingredients

製作分量：4 個【一個 300g】

麵團	重量（g）	百分比（%）
高筋麵粉	600	100
細砂糖	120	20
鹽	7	1.2
奶粉	24	4
高糖酵母	10	1.6
雞蛋	216	36
水	120	20

	重量（g）	百分比（%）
冰塊	48	8
無鹽奶油	92	15.2
總 計	1237	206

裝飾	重量（g）	百分比（%）
全蛋液	適量	-

• 製作工法與流程 。 Outline

I
麵團攪拌
→
II
基本發酵
翻面
→
III
分割
中間發酵
→
IV
整型
最後發酵
→
V
裝飾
烘烤出爐

- 使用低速，攪拌至擴展階段
- 改中速，攪拌至完成階段

- 溫度 28℃、濕度 70%
- 基本發酵 60 分鐘
- 翻面，延續發酵 15 分鐘

- 平均分割成重 100 公克的麵團
- 滾圓
- 溫度 28℃、濕度 70%
- 中間發酵 15 分鐘

- 捲成長條狀
- 編三股辮
- 溫度 35℃、濕度 70%
- 最後發酵 50 分鐘

- 表面刷蛋液
- 上火 210℃ / 下火 180℃，烤 12 分鐘
- 上火 190℃ / 下火 180℃，烤 10 分鐘

• 工法步驟 ◦ Directions

■ Ⅰ·麵團攪拌 ■

1 攪拌盆中先放入高筋麵粉、細砂糖、鹽、奶粉，接著將高糖酵母、水、雞蛋攪拌均勻後，倒入攪拌盆中，再加入冰塊。

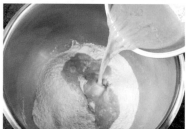

2 攪拌器裝入勾型攪拌棒，先以低速攪拌約 5 分鐘成團。等原本沾黏的攪拌盆周圍變得乾淨光亮，且麵團表面粗糙感消失，變得光滑柔軟時，即可放入在室溫下回軟的奶油。

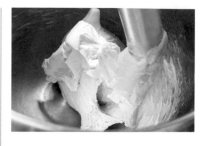

3 先以低速攪拌約 1 分鐘後，改中速攪拌 3 分鐘，持續攪拌到可以拉出平滑的透光薄膜，就表示麵團已經完成。

■ Ⅱ·基本發酵、翻面 ■

1 將攪拌好的麵團從鋼盆中取出，從兩側向上抓取後，向前折收入底部。再從上下兩側抓起，90 度轉向並翻面後向前折，順勢收入底部，滾圓至光滑。放置在溫度 28℃、濕度 70% 的環境下，進行基本發酵 60 分鐘。

2 接下來進行翻面動作。將麵團用手按壓、排出空氣後，從左側往右折 1/3，再從右側往左折疊，覆蓋之前的反折處；接著從下側往上折 1/3，再從上側往下折疊，覆蓋之前的反折處。翻面後收口朝下，稍微收圓。放入烤盤，放置在溫度 28℃、濕度 70% 的環境下，延續發酵 15 分鐘。

■ Ⅲ·分割、中間發酵 ■

1 取出基本發酵好的麵團，倒扣到工作檯上。撒上手粉，用手拍出內部空氣後，分割成每個重 100 公克的小麵團。用手滾圓後，將底部不平整處收口。放置在溫度 28℃、濕度 70% 的環境下，做中間發酵 15 分鐘。

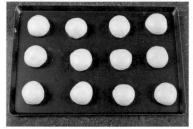

■ IV·整型、最後發酵 ■

1 將做完中間發酵的麵團取出，放在工作檯上，先用手拍扁後，以擀麵棍來回擀壓成橢圓麵皮。

T·I·P 至少需來回擀壓 3 次，擀出麵團內部的空氣。

2 用切麵刀鏟起麵皮後，翻面，並轉成橫向的橢圓形。將底部兩端往兩側拉成梯形，黏在工作檯上固定。接著把手指放在麵皮底端，往下拉出薄薄的鋸齒狀，一樣黏在工作檯上固定。最後將麵皮上方兩邊往外拉成長方形。

T·I·P 先整型成長方形再捲起，前後的寬度才會一致，形狀比較好看。

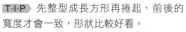

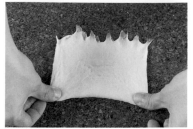

3 將麵皮由上往下慢慢捲起。捲的時候不要直接捲到底，先將手指放在麵團前方，往下讓麵皮翻折一圈後，再放回麵團前方，翻捲下一圈。

T·I·P 收尾時，上個步驟拉出的鋸齒狀薄膜，會緊密貼合在麵團上。

4 捲完後，用雙手搓揉滾動麵團，從中間往兩側延展成長度 35 公分的條狀。依照相同方式，依序完成所有麵團後，靜置 10 分鐘鬆弛。

T·I·P 若不先經過鬆弛，帶有彈性的麵團會不斷收縮，很難整型。

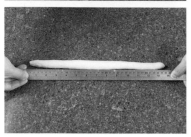

5 取出 3 條鬆弛過的麵團，將頂端貼合後按壓固定，準備編三股辮。先將右側麵團拉到左邊，從上方與中間麵團交叉。接著再將最左側的麵團拉到右邊兩條麵團的中間。過程中適當調整麵團間的間隔，以免太擠不好編。

T·I·P 編三股辮時，麵團的正面始終保持在上方，不要翻到背面。

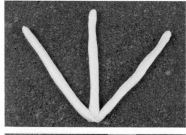

6 依照相同方法編到底後，將 3 條麵團的尾部捏合在一起，並收到麵團背面。

7 依序完成所有麵團後，將麵團收口朝下，放置在溫度 35℃、濕度 70 % 的環境下，進行最後發酵 50 分鐘。

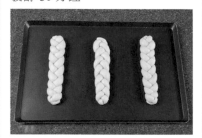

▌ V·裝飾、烘烤出爐 ▌

1 將最後發酵完成的麵團取出，表面均勻塗抹上全蛋液。

2 放入已預熱至上火 210℃ / 下火 180℃的烤箱中烘烤 12 分鐘，改以上火 190℃ / 下火 180℃烘烤 10 分鐘，即可取出。

⌐ 蜂蜜奶油切片辮子麵包 ⌐

材料（1 個份）

辮子麵包	1 片
無鹽奶油	適量
蜂蜜	少許

作法

1. 將辮子麵包切成約 **2** 公分厚。
2. 在麵包片上塗奶油，再淋上少許蜂蜜。

⌐ 覆盆子奶油切片辮子麵包 ⌐

材料（1 個份）

辮子麵包	1 片
無鹽奶油	適量
覆盆子果醬	少許
新鮮覆盆子	3 顆

作法

1. 將辮子麵包切成約 **2** 公分厚。
2. 在麵包片上塗奶油，再抹一層果醬。
3. 在果醬上方裝飾新鮮覆盆子即完成。

調 理
how to ✕ cook !
吃 法

英國

United Kingdom

隨著工業革命勞動需求增加，也帶動了英國麵包的發展。
比起大多偏硬的歐包，英國人似乎更喜歡鬆軟的口感，
根據統計，每天英國大約會賣出 1200 萬個麵包，
而其中軟麵包的比例佔了 76%，
口味偏好相當明顯。

英 式 脆 皮 吐 司

/ ENGLISH BREAD /

早期英國人沒有吃早餐的習慣，麵包也多是製作耗時的種類。
直到進入工業革命時期，工人們需要體力應付龐大的工作量，
為了在短時間內製作出大量的麵包，便直接將麵團放入烤模中烘烤，
成了現在家家戶戶最常見的早餐選擇。

• 剖面組織 。 Cut

| 烘烤時沒有上蓋，烤後呈現山形的圓弧頂 | 外皮金黃酥脆，中間顏色淡白、綿密鬆軟 | 組織上的氣孔明顯、分布緊密 |

• 材料 。 Ingredients

製作分量：2 條【一條 560g、吐司模尺寸：12 兩】

	重量（g）	百分比（%）
高筋麵粉	665	100
細砂糖	14	2
鹽	14	2
奶粉	7	1
低糖酵母	14	2

	重量（g）	百分比（%）
水	416	62.5
冰塊	37	5.5
無鹽奶油	14	2
總 計	1181	177

• 製作工法與流程 。 Outline

I 麵團攪拌 → II 基本發酵 翻面 → III 分割 中間發酵 → IV 整型 最後發酵 → V 烘烤出爐

- 用低速攪拌成團
- 改中速，攪拌至擴展階段
- 加入奶油，攪拌至完成階段

- 溫度 30℃、濕度 75%
- 基本發酵 60 分鐘
- 翻面，延續發酵 30 分鐘

- 平均分割成重 280 公克的麵團
- 溫度 30℃、濕度 75%
- 中間發酵 20 分鐘

- 整成圓形後入模
- 溫度 30℃、濕度 80%
- 最後發酵 70 分鐘

- 上火 0℃ / 下火 240℃
- 噴蒸氣 3 秒
- 烘烤 35-40 分鐘

• 工法步驟 ∘ Directions

▌Ⅰ·麵團攪拌▐

1 攪拌盆中放入高筋麵粉、細砂糖、鹽、奶粉、低糖酵母，再依序倒入水及冰塊。

2 勾型攪拌棒裝入攪拌器中，開始以低速攪拌約 3 分鐘。攪拌到粉狀感消失，改成中速攪拌約 2 分鐘。等麵團粗糙的表面逐漸變得光滑柔軟，原本沾黏的攪拌盆周圍也變得乾淨光亮。取一小塊麵團出來，可輕拉出薄膜且具有延展性，即表示到達擴展階段，可放入室溫回軟的奶油。

3 先以低速攪拌約 1 分鐘後，改中速攪拌約 6 分鐘，持續攪拌到可以拉出洞口平滑、幾乎沒有鋸齒狀的透光薄膜，就表示麵團已經完成。

▌Ⅱ·基本發酵、翻面▐

1 將攪拌好的麵團從鋼盆中取出放到工作檯上，略微整型，從兩側向上抓取後向前折、收入底部，再從上下兩側抓起，90 度轉向並翻面後向前折，順勢收入底部後，滾圓至表面光滑，即可移入烤盤，放置在溫度 30℃、濕度 75% 的環境下，做基本發酵 60 分鐘。

2 接下來進行翻面動作。將麵團倒扣到工作檯上，用手按壓、排出空氣後，將麵團從左往右折 1/3，再由右向左折至覆蓋住反折處；接著將下方麵團往上折 1/3，再從上往下折到覆蓋住反折處。將麵團收口朝下放入烤盤，放置在溫度 30℃、濕度 75% 的環境下，延續發酵 30 分鐘。

▌Ⅲ·分割、中間發酵▐

1 取出發酵完成的麵團，倒扣到工作檯上，撒上手粉後，抓起四邊整型成長方形，並用十隻手指由上往下按壓，將空氣排出。分割成每個重 280 公克的麵團。

2 利用雙手掌心，以同方向畫圓的方式滾動麵團，滾圓後放入烤盤。放置在溫度 30℃、濕度 75% 的環境下，做中間發酵 20 分鐘。

■ IV · 整型、最後發酵 ■

1 將完成中間發酵的麵團以切麵刀輔助取出，放在已撒好手粉的工作檯上。

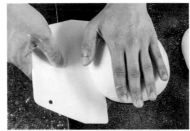

2 用手掌輕拍麵團，排出空氣。

3 從兩側向上抓取麵團後翻面，並向前折、順勢收入底部。輕拍麵團，幫助空氣排出。

4 將麵團 90 度轉向並翻面後，將靠近身體一側的麵團往前折約 1/2，接著再次往前折並順勢收入底部後，滾圓。其他麵團也依序完成整型滾圓的動作。

5 烤模事先噴上烤盤油。將麵團放入，一個烤模放入 2 個麵團，並且用拳頭稍微下壓。放置在溫度 30℃、濕度 80 % 的環境下，做最後發酵 70 分鐘。

T·I·P 如果烤模本身材質是不沾黏的，噴油的步驟就可以省略。

V·烘烤出爐

1 取出完成最後發酵的麵團。

2 放入已經預熱至上火 0℃ / 下火 240℃的烤箱中，噴蒸氣 3 秒後，烘烤 35-40 分鐘，烤至表面呈現金黃色即可取出。

3 將吐司模在檯面上敲一敲後，將麵包倒扣出來放涼。

⚓ 黃金蛋起司吐司 ⚓

材料（1 個份）

英式脆皮吐司	1 厚片	鹽巴	少許
無鹽奶油	適量	胡椒	少許
雞蛋	1 顆	乾燥巴西里	少許
起司絲	適量		

作法

1. 在吐司表面抹上一層薄薄的奶油。
2. 用湯匙在吐司中間壓一個凹洞後，打入雞蛋。
3. 在雞蛋上撒滿起司絲，再撒上些許鹽巴、胡椒。
4. 放入預熱至上火 200℃ / 下火 100℃ 的烤箱中，烘烤 5 分鐘至起司融化、呈金黃色。
5. 最後撒上乾燥巴西里即完成。

⚓ 麵包布丁 ⚓

材料（1 個份）

英式脆皮吐司	1 厚片	雞蛋	3ea
動物鮮奶油	150g	無鹽奶油	10g
牛奶	150g	葡萄乾	20g
細砂糖	70g	裝飾莓果	適量

作法

1. 將吐司切成小塊狀。
2. 將吐司和葡萄乾以外的所有食材，放入碗中攪拌均勻。
3. 混合步驟 1 跟 2 的食材，放入烤皿中，再加入葡萄乾稍微拌勻。
4. 放入預熱至上火 150℃ / 下火 150℃ 的烤箱中，烘烤 30 分鐘即完成。
5. 最後可以擺上新鮮覆盆子、藍莓等裝飾莓果，並撒上糖粉做裝飾。

調理 吃法
how to ✕ cook !

ENGLISH MUFFIN ——

英式馬芬

難易度 ★★

英式馬芬聽來陌生，其實就是麥當勞早餐裡的滿福堡。
據說一開始的起源，是古時候貴族家中的麵包師們，
因為不想浪費，利用做完麵包後多餘的麵團隨興創作而成。
雖然不像美國馬芬蛋糕鬆軟濕潤，樸實的麥香卻越嚼越有滋味。

• 剖面組織 。 Cut

| 表層金黃色，撒滿增添口感和香氣的玉米粉 | 整體呈上下扁平的圓筒狀，顏色較淺白 | 麵團的水分多，形成的氣孔較大，充滿彈性 |

• 材料 。 Ingredients

製作分量：11 個【一個 50g】

麵團	重量（g）	百分比（%）
高筋麵粉	350	92
低筋麵粉	30	8
細砂糖	5	1.3
鹽	5	1.3
高糖酵母	5	1.3
牛奶	140	36.8
雞蛋	60	15.7

使用模具：直徑 9cm× 高 2cm 的圓形塔框

	重量（g）	百分比（%）
冰塊	20	5.2
無鹽奶油	10	2.6
總 計	625	164.2

裝飾	重量（g）	百分比（%）
細玉米粉	適量	-

• 製作工法與流程 。 Outline

I 麵團攪拌 → II 基本發酵 → III 分割 中間發酵 → IV 整型 最後發酵 → V 烘烤出爐

I 麵團攪拌
- 用低速攪拌成團
- 改中速，攪拌至擴展階段
- 加入奶油，攪拌至完成階段

II 基本發酵
- 溫度 30℃、濕度 75%
- 基本發酵 60 分鐘

III 分割 中間發酵
- 平均分割成重 50 公克的麵團
- 滾圓
- 溫度 30℃、濕度 75%
- 中間發酵 15 分鐘

IV 整型 最後發酵
- 沾附玉米粉
- 溫度 34℃、濕度 80%
- 最後發酵 50 分鐘

V 烘烤出爐
- 上火 190℃ / 下火 190℃
- 烘烤 15-18 分鐘

• 工法步驟 。 Directions

■ I · 麵團攪拌 ■

1 攪拌盆中先放入高筋麵粉、低筋麵粉、細砂糖、鹽，再放入高糖酵母以及混合均勻的牛奶與雞蛋。

2 裝入勾型攪拌棒，開始以低速攪拌約 3 分鐘，攪拌到粉狀感消失後放入冰塊，改成中速攪拌約 6 分鐘。等到原本沾黏的攪拌盆周圍變得乾淨光亮，取一小塊麵團出來，可輕拉出薄膜且具有延展性，即表示到達擴展階段，可放入室溫回軟的奶油。

3 持續攪拌到麵團光滑、有延展性，就表示麵團已經完成。

■ II · 基本發酵 ■

1 將攪拌好的麵團從鋼盆中取出放到工作檯上，略微整型，從兩側向上抓取後往前折、收入底部，再從上下兩側抓起，90 度轉向並翻面後往前折，順勢收入底部。接著將麵團滾圓到表面光滑，即可移入烤盤，放置在溫度 30℃、濕度 75% 的環境下，做基本發酵 60 分鐘。

■ III · 分割、中間發酵 ■

1 將發酵好的麵團取出，放到工作檯上，分割成每個 50 公克的小麵團。

2 將麵團滾圓後，放入烤盤中，放置在溫度 30℃、濕度 75% 的環境下，做中間發酵 15 分鐘。

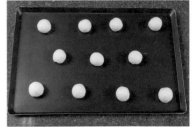

■ IV · 整型、最後發酵 ■

1 在模具內圈塗一層油防沾黏後放到烤盤上。另外準備一條乾淨的濕毛巾攤平在盤子上，細玉米粉裝入寬口的容器中。

2 將完成中間發酵的麵團取出，略微滾圓後，底部朝上、放於掌心，稍微抓捏中心收口。

3 抓起收口處，讓表面沾一下溼毛巾，再均勻沾裹細玉米粉。

4 將麵團沾有細玉米粉的面朝上、放進模具中間，略微壓扁，並在周圍撒上細玉米粉後，放置在溫度 34℃、濕度 80 % 的環境下，做最後發酵 50 分鐘。

▌V·烘烤出爐 ▌

1 將最後發酵完成的麵團取出。上面先蓋一張烘焙紙，再壓上另一個烤盤。

2 放入已經預熱至上火 190℃ / 下火 190℃的烤箱中，烘烤 15-18 分鐘，即可取出脫模放涼。

燒烤牛排起司堡

材料（**1** 個份）

英式馬芬	**1** 個	芥末籽美乃滋	**20g**
炭烤牛排	**2** 片	瑪茲瑞拉起司片	**1** 片
美生菜	**1** 片	奶油	少許
番茄片	**1** 片		

作法

1. 將牛排肉烤熟，美生菜洗淨瀝乾。
2. 將馬芬從中間切半後，抹上一層薄薄的奶油。
3. 在其中一半上方依序堆疊美生菜、番茄片、炭烤牛排、起司片，再淋上美乃滋，蓋上另一半即完成。

調理
how to ✕ cook !
吃法

英式胡桃麵包

難易度 ★★★★

胡桃在歐洲麵包中，是經常使用到的食材，
不但香氣濃郁，而且飽含健康油脂 omega-3 等豐富營養。
而這款成分天然，低油、低糖、高纖的胡桃麵包，
更是高齡 92 歲的英國女王伊麗莎白二世最愛的養生飲食。

• 剖面組織 。 Cut

撒過麵粉的表層，可以看
到漂亮的明顯紋路

外層金黃脆硬，中間氣孔
稍大，摸起來軟綿紮實

胡桃和果乾均勻分布，麥
香濃郁，口感軟 Q

• 材料 。 Ingredients

製作分量：2 個【一個 600g】

	重量（g）	百分比（%）
T55 法國麵粉	305	54.4
高筋麵粉	250	44.6
全麥細粉	6	1
細砂糖	12	2
鹽	12	2
奶粉	6	1
低糖酵母	5	0.8

使用模具：直徑 18cm× 高 8cm 的藤籃

	重量（g）	百分比（%）
水	326	58
冰塊	53	9.3
無鹽奶油	12	2
切碎胡桃	125	22.2
葡萄乾	100	17.8
總計	1212	215.1

• 製作工法與流程 。 Outline

I 麵團攪拌 → II 基本發酵 → III 分割 中間發酵 → IV 整型 最後發酵 → V 裝飾 烘烤出爐

- 用低速攪拌成團
- 改中速，攪拌至擴展階段
- 加入奶油，攪拌至完成階段
- 加入切碎胡桃與葡萄乾混勻

- 溫度 30℃、濕度 75%
- 基本發酵 60 分鐘

- 平均分割成重 600 公克的麵團
- 溫度 30℃、濕度 75%
- 中間發酵 20 分鐘

- 整型成圓形、放入藤籃
- 溫度 30℃、濕度 80%
- 最後發酵 50 分鐘

- 表面劃切割紋
- 上火 230℃ / 下火 200℃
- 噴蒸氣 3 秒
- 烘烤 45-55 分鐘

• 工法步驟 ○ Directions

▌I · 麵團攪拌 ▌

1 攪拌盆中放入 T55 法國麵粉、高筋麵粉、全麥細粉、砂糖、鹽、奶粉混合，再放入低糖酵母、水與冰塊。

2 將勾型攪拌棒裝入攪拌器中，開始以低速攪拌約 3 分鐘，攪拌到粉狀感消失，改中速攪拌約 2 分鐘。等麵團表面從粗糙逐漸變得光滑柔軟，原本沾黏的攪拌盆周圍也變得乾淨光亮時，取一小塊麵團出來，可輕拉出薄膜且具有延展性，即表示到達擴展階段，可放入室溫回軟的奶油。

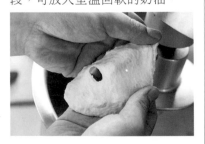

3 先以低速攪拌約 1 分鐘後，改中速攪拌約 6 分鐘，持續攪拌到可以拉出洞口平滑、幾乎沒有鋸齒狀的透光薄膜，就表示麵團已經完成。

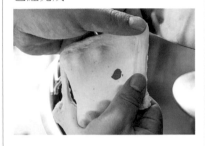

4 最後加入事先切碎的胡桃，再倒入葡萄乾，以低速略微拌勻即可。

▌II · 基本發酵 ▌

1 將攪拌好的麵團放到工作檯上，從兩側向上抓起後往前折、收入底部，再從上下兩側抓起，90 度轉向並翻面後往前折，順勢收入底部。接著將麵團滾圓到表面光滑，即可移入烤盤，放置在溫度 30℃、濕度 75% 的環境下，做基本發酵 60 分鐘。圖片為發酵完成的樣子。

▌III · 分割、中間發酵 ▌

1 將完成基本發酵的麵團取出，倒扣到工作檯上，抓起四邊整型成長方形後，用十隻手指由上往下按壓，將空氣排出。分割成每個重量約為 600 公克的麵團。

2 輕拍麵團、排出空氣後,將靠近身體一側的麵團往前翻折並順勢往下收口。

3 將麵團翻面並轉向,再次將靠近身體一側的麵團往前翻折並順勢往下收口。手掌以同方向畫圓的方式滾動麵團至收圓。

4 將滾圓後的麵團,移入烤盤,放置在溫度 30℃、濕度 75% 的環境下,做中間發酵 20 分鐘。

■ IV·整型、最後發酵 ■

1 在發酵後的麵團上面撒上一些手粉,用雙手捧起,移到撒了手粉的工作檯上。將手指靠攏後拍打麵團,讓空氣排出,拍成中間較厚、旁邊較薄的形狀。

2 翻面,將光滑面朝下。抓捏起麵團邊緣的一角,開始往中心點翻折。

3 接著依序抓起麵團四周往內折,左手按住中心點固定,右手邊翻邊折收。翻折過程中可一邊轉動麵團方向,讓動作更順手。

4 下圖為底部折收完畢的模樣。

5 將麵團的收口面朝向自己身體，左手握住麵團，右手將外圍不平整的麵團往內壓圓，同時一邊滾動，直到壓完一圈。

6 將每個發酵藤籃均勻撒上一層高粉，並排列到烤盤上備用。

T·I·P 用發酵藤籃製作出來的麵包，在表面可以製造出自然漂亮的紋路，麵團放入前要先均勻撒上一層厚厚的麵粉，才能讓紋路更加明顯。

7 將麵團收口朝上，放入發酵藤籃中，用指節壓一下麵團後，放置在溫度 30℃、濕度 80% 的環境下，做最後發酵 50 分鐘。

V·裝飾、烘烤出爐

1 將最後發酵好的麵團取出，上面撒上手粉。用拇指及小指扣住發酵藤籃，將麵團倒扣到烤盤上，過程中動作儘量放輕，以免發酵好的麵團消氣。

2 表面用利刀劃十字深線。

T·I·P 劃線時速度要快，避免拖刀而導致割痕有鋸齒痕。

3 放入已經預熱至上火 230℃ / 下火 200℃ 的烤箱中，噴蒸氣 3 秒，烘烤 45-55 分鐘即可取出。

第 **3** 章
美式麵包
文化大熔爐下的集大成美味

隨著一波波的移民潮，麵包的製作技術，
也跟著來自歐洲各地的人們一起踏上了美洲大陸。
美式麵包的特性不在獨創，而是將不同國家的傳統，
在這個大熔爐裡不斷碰撞、融合、演變，
形成現今個性強烈的美式口味。

PART 3

American Bread

• • • •

美 國

United States of America

代表紐約的貝果、旅美必吃的肉桂捲，
這些現今和美國劃上等號的麵包，
其實都是在移民時期才傳入北美的異地傳統，
經過不同文化的洗禮，
最終，在這片新大陸上有了新的樣貌。

肉桂捲

/ CINNAMON ROLL /

在飄洋過海到美國以前，肉桂捲最早發跡於瑞典，
當地人甚至將每年 10 月 4 日，定為一年一度的「肉桂捲節」。
後來到了 1985 年，美國西雅圖開了第一家肉桂捲專門店「Cinnabon」，
撒上大量糖粉、糖霜的口味自此和傳統分支，發展成特有的美式文化。

• 剖面組織 。 Cut

| 表面撒滿糖粉，從上往下看，呈一圈一圈的螺旋狀 | 組織鬆軟，夾層中均勻塗抹一層肉桂糖內餡 | 咀嚼時散發出黑糖融合肉桂及細砂糖的香氣 |

• 材料 。 Ingredients

製作分量：15 個【一個 80g】　　　　　　使用模具：圓形烘焙紙杯

麵團	重量（g）	百分比（%）
高筋麵粉	600	100
細砂糖	120	20
鹽	9	1.5
奶粉	30	5
無鹽奶油	132	22
低糖酵母	9	1.5
蛋黃	120	20
水	252	42
總計	1272	212

內餡與裝飾	重量（g）	百分比（%）
肉桂粉_製作肉桂糖用	15	-
細砂糖_製作肉桂糖用	60	-
黑糖_製作肉桂糖用	15	-
無鹽奶油	80	-
糖粉	適量	-
全蛋液	適量	-

• 製作工法與流程 。 Outline

I 麵團攪拌	II 基本發酵	III 整型 鬆弛	再次整型 填餡	V 分割 最後發酵	VI 烘烤出爐 裝飾
◆用低速攪拌成團 ◆改中速，攪拌至完成階段	◆溫度 30℃、濕度 70% ◆基本發酵 60 分鐘	◆擀平成長方形 ◆冷藏鬆弛 60-120 分鐘	◆裹入內餡 ◆捲成長條狀 ◆冷凍 15-30 分鐘	◆分割成寬 4 公分、重 80 公克的麵團 ◆溫度 30℃、濕度 70%，發酵 60 分鐘	◆上火 190℃／下火 200℃，烤 10 分鐘 ◆上火 170℃／下火 180℃，烤 8 分鐘

• 工法步驟 ◦ Directions

▌I·麵團攪拌

1 攪拌盆中先放入高筋麵粉、細砂糖、鹽、奶粉，再放入無鹽奶油，將事先混合均勻的水、酵母與蛋黃倒入攪拌盆中。

2 勾型攪拌棒裝入攪拌器中，開始以低速攪拌約 3 分鐘。攪拌到粉狀感消失，改成中速攪拌約 6 分鐘。等麵團表面從粗糙逐漸變得光滑柔軟，原本沾黏的攪拌盆周圍也變得乾淨光亮時，取一小塊麵團出來，如果可以拉出具有延展性，洞口平滑、幾乎沒有鋸齒狀的透光薄膜，就表示麵團已經完成。

▌II·基本發酵

1 將攪拌好的麵團放到工作檯上，略微整型，從兩側向上抓起後往前折、收入底部，再從上下兩側抓起，90 度轉向並翻面後往前折，順勢收入底部。將麵團滾圓到表面光滑，即可移入烤盤，放置在溫度 30℃、濕度 70% 的環境下，做基本發酵 60 分鐘。

▌III·整型、鬆弛

1 將基本發酵好的麵團取出，倒扣到撒了手粉的工作檯上。再撒些手粉，用擀麵棍從麵團中間往上下擀壓，排出空氣。

2 將麵團翻面，上下兩端拉平成長方形。再擀壓一次，接著放入烤盤中，移至冰箱冷藏（溫度 4℃ -8℃）鬆弛 60-120 分鐘，待軟硬度適中再操作。

▌IV·再次整型、填餡

1 將肉桂粉、細砂糖、黑糖混合均勻，做成肉桂糖備用。取出完成中間發酵的麵團，倒扣到工作檯上。

2 先均勻抹上奶油，再均勻撒上肉桂糖。但保留麵團四邊約 2 公分的寬度不裹內餡。

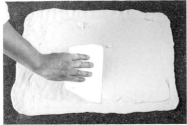

3 將麵團從上方開始往靠近身體的地方慢慢捲起。

T·I·P 在捲的過程中，避免捲得過於鬆散，但是也不能捲得太緊實，以免烘烤時發生斷裂現象。

4 捲到最後的時候，把麵團最下端壓黏於檯面再捲完，幫助麵團的接合處密合。接著收口朝下，放入烤盤中，移至冰箱冷凍（負 12℃‐負 18℃）靜置 15-30 分鐘。

T·I·P 麵團冷凍過後，裁切時比較容易。

■ V·分割、最後發酵 ■

1 將冷凍過的麵團取出，切成每個寬度為 4 公分，重量約 80 公克的小麵團。

2 切完後，放入圓形紙杯中，放置在溫度 30℃、濕度 70% 的環境下，做最後發酵 60 分鐘。

■ VI·烘烤出爐、裝飾 ■

1 在最後發酵完成的麵團上均勻塗抹全蛋液。

2 放入已經預熱至上火 190℃ / 下火 200℃ 的烤箱中烘烤 10 分鐘，改上火 170℃ / 下火 180℃ 繼續烘烤 8 分鐘。取出待涼後撒上糖粉即完成。

貝果
/ BAGEL /

19 世紀初期，大量湧入的猶太移民將貝果的製作技術帶到紐約。
當時的貝果皆為手工且僅限公會販售，只有少部分地區的人得以食用。
後來到了 1960 年代左右，製作貝果的機器被發明出來，
量產後冷凍的產品開始在全美迅速拓展，成為最受歡迎的食物之一。

• 剖面組織 。 Cut

| 表皮薄而光滑，帶有光澤感，空心處有細細的皺褶 | 氣孔細密、沒有大氣泡，散發淡淡麥香和甘甜味 | 麵包的組織 Q 彈，咀嚼時口感帶有韌性 |

• 材料 。 Ingredients

製作分量：8 個【一個 105g】

麵團	重量（g）	百分比（%）
T55 法國麵粉	350	70
高筋麵粉	150	30
細砂糖	35	7
鹽	8	1.6
高糖酵母	3.5	0.7
雞蛋	25	5
水	260	52

	重量（g）	百分比（%）
無鹽奶油	25	5
總 計	856.5	171.3

燙麵水	重量（g）	百分比（%）
自來水	1000	-
麥芽精	50	-

• 製作工法與流程 。 Outline

I 麵團攪拌	II 基本發酵	III 分割 中間發酵	IV 整型 最後發酵	V 燙麵	VI 烘烤出爐
◆ 用低速攪拌成團 ◆ 改中速，攪拌至完成階段	◆ 溫度 28℃、濕度 75% ◆ 基本發酵 40 分鐘	◆ 平均分割成重 105 公克的麵團 ◆ 溫度 30℃、濕度 75% ◆ 中間發酵 20 分鐘	◆ 整型成中空圓形（甜甜圈型） ◆ 溫度 30℃、濕度 75% ◆ 最後發酵 40 分鐘	◆ 燙麵 30 秒	◆ 上火 210℃ / 下火 180℃，烤 10 分鐘 ◆ 上火 0℃ / 下火 0℃，烤 6-8 分鐘

• 工法步驟 ○ Directions

I·麵團攪拌

1 攪拌盆中先放入 T55 法國麵粉、高筋麵粉、細砂糖、鹽、無鹽奶油,再將事先混合均勻的水、酵母與雞蛋倒入攪拌盆中。

2 勾型攪拌棒裝入攪拌器中,開始以低速攪拌約 1 分鐘。攪拌到粉狀感消失,改成中速攪拌約 12 分鐘。等麵團粗糙的表面逐漸變得光滑柔軟,原本沾黏的攪拌盆周圍也變得乾淨光亮時,取一小塊麵團出來,如果可以拉出具有延展性,洞口平滑、幾乎沒有鋸齒狀的透光薄膜,就表示麵團已經完成。

II·基本發酵

1 將攪拌好的麵團取出放到工作檯上,略微整型,從兩側向上抓起後往前折、收入底部,再從上下兩側抓起,90 度轉向並翻面後往前折,順勢收入底部。接著將麵團滾圓到表面光滑,即可移入烤盤,放置在溫度 28℃、濕度 75% 的環境下,做基本發酵 40 分鐘。

III·分割、中間發酵

1 將基本發酵好的麵團取出,倒扣到工作檯上,抓起四邊整型成長方形後用十隻手指由上往下按壓,將空氣排出,再分割成每個重量為 105 公克的小麵團。

2 手以同方向畫圈的方法將麵團滾圓後,移入烤盤,放置在溫度 30℃、濕度 75% 的環境下,做中間發酵 20 分鐘。

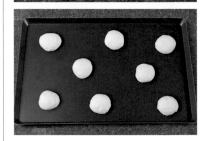

IV·整型、最後發酵

1 將中間發酵好的麵團取出後放到工作檯上，先用手按壓、排氣後，用擀麵棍從麵團中間往上下擀壓開來。

2 接著將麵團上下兩端往左右拉開成一個梯形。

3 接著把拇指以外的手指放在麵團底端，往下拉出薄薄的鋸齒狀，黏在工作檯上固定。

4 將麵團從上方開始往靠近身體的地方慢慢捲起，在捲的過程中，邊捲邊壓實。捲完後，再由中間往左右兩邊搓長。

5 底部朝上，將其中一端的麵團壓薄，再放上另一端的麵團，圍成一個圈。接著用壓薄的麵團包住另一端的麵團，再稍微捏緊固定。

6 將麵團接口的地方緊緊捏合。

6 整型完成後，將麵團底部朝下放入烤盤中，放置在溫度30℃、濕度75%的環境下，做最後發酵40分鐘。

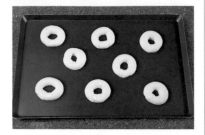

V·燙麵

1 取出完成最後發酵的麵團。在鍋中放入自來水煮滾後，放入麥芽精煮至融化。

2 將麵團放入鍋中，並反覆翻面讓麵團平均受熱，燙約30秒即可取出，完成燙麵。

VI·烘烤出爐

1 將瀝乾水分的麵團放入已經預熱至上火210℃／下火180℃的烤箱中烘烤10分鐘，再關掉上下火，用餘溫繼續烘烤6-8分鐘即可取出。

⸂藍莓乳酪貝果⸃

材料（2 個份）

貝果	2 個
奶油乳酪	125g
糖粉	30g
冷凍藍莓粒	25g

作法

1. 將奶油乳酪、糖粉一起打軟、拌勻至無粉狀。
2. 再加入冷凍藍莓粒略微拌勻到還看得到果粒的未完全融合的狀態，即完成藍莓乳酪餡。
3. 將貝果從中間剖半，抹上藍莓乳酪餡即可。

BRUTUS

eter

STYLEBOOK 2008 S/S

230

舊金山酸麵包

/ SAN FRANCISCO SOURDOUGH BREAD /

舊金山酸麵包是在 1849 年加州淘金熱時期，礦工們常吃的麵包。
特殊的乳酸香氣到現在，依然是當地最具代表性的特色食物。
為了抵抗濕冷氣候，使用酸麵包盛裝海鮮濃湯的吃法，
更是造訪舊金山的旅人們不能錯過的美味。

• 剖面組織 。Cut

外層金黃酥脆，撒上麵粉
的外皮有明顯的漂亮紋路

中間的組織柔軟有彈性，
小氣孔中參雜一些大氣泡

散發酸種特殊的香氣，咀
嚼時帶有一絲酸味

• 材料 。 Ingredients

製作分量：5 個【一個 350g】

	重量（g）	百分比（%）
T55 法國麵粉	850	100
麥芽精	3	0.3
水	510	60
低糖酵母	1	0.1
鹽	19	2.2

使用模具：直徑 18c× 高 8cm 的藤籃

	重量（g）	百分比（%）
酸種	425	50
總 計	1808	212.6

＊酸種製作方法請參照 P25

• 製作工法與流程 。 Outline

I 麵團攪拌	→	II 基本發酵	→	III 分割 中間發酵	→	IV 整型 最後發酵	→	V 裝飾 烘烤出爐

◆ 用低速攪拌 1 分鐘

◆ 自我分解 30 分鐘

◆ 加入酸種與鹽

◆ 用中速攪拌至完成
階段

◆ 溫度 28℃、濕度
70%

◆ 基本發酵 90 分鐘

◆ 平均分割成重 350
公克的麵團

◆ 溫度 28℃、濕度
70%

◆ 中間發酵 20 分鐘

◆ 整型成圓形

◆ 溫度 30℃、濕度
65%

◆ 最後發酵 90 分鐘

◆ 表面劃切割紋

◆ 上火 240℃ / 下火
210℃，烤 6 分鐘

◆ 上火 220℃ / 下火
0℃，續烤 6 分鐘

◆ 上火 0℃ / 下火
0℃，用餘溫烘烤
28 分鐘

• 工法步驟 ◦ Directions

▌ I·麵團攪拌 ▌

1 攪拌盆中先放入 T55 法國麵粉，再倒入混合均勻的水與麥芽精，將勾型攪拌棒裝入攪拌器中，開始以低速攪拌約 1 分鐘後，平均撒上低糖酵母，蓋上塑膠袋大約靜置 30 分鐘，進行自我分解（水合法）。

2 待進行過自我分解後，先以低速攪拌 1 分鐘，再加入酸種、鹽攪拌 1 分鐘後，改成中速攪拌約 2 分鐘。攪拌至麵團表面從粗糙變得光滑柔軟，原本沾黏的攪拌盆周圍也變得乾淨光亮，取一小塊麵團出來，如果可以拉出具有延展性、洞口平滑、幾乎沒有鋸齒狀的透光薄膜，就表示麵團已經完成。

▌ II·基本發酵 ▌

1 將攪拌好的麵團放到工作檯上，從兩側向上抓起後向前折、收入底部，再從上下兩側抓起，90 度轉向並翻面後向前折，順勢收入底部。接著將麵團滾圓到表面光滑，即可移入烤盤，放置在溫度 28℃、濕度 70% 的環境下，做基本發酵 90 分鐘。

▌ III·分割、中間發酵 ▌

1 取出基本發酵好的麵團，倒扣到工作檯上，抓起四邊整型成長方形後，用十隻手指由上往下按壓，將空氣排出。

2 分割成每個重量為 350 公克的麵團，拍出中間的空氣、滾圓後，移入烤盤，放置在溫度 28℃、濕度 70% 的環境下，做中間發酵 20 分鐘。

▌ IV·整型、最後發酵 ▌

1 每個發酵藤籃中均勻撒上一層高粉備用。

T·I·P 用發酵藤籃製作出來的麵包，在表面可以製造出自然漂亮的紋路，麵團放入前要先均勻撒上一層厚厚的麵粉，才能讓紋路更加明顯。

2 將發酵後的麵團移到工作檯上，撒上一些手粉，拍打麵團讓空氣排出。翻面，將光滑面朝下，把靠近身體這一側的麵團往前翻折約 1/3，再翻折到底。

3 翻面並 90 度轉向後，把靠近身體這一側的麵團往前翻折約 1/2，再翻折一次，收入底部。接著雙手以同方向畫圈，將麵團滾圓。

4 把麵團翻過來放在手掌心，一手轉動麵團，另一手以拇指與食指捏住麵團中心將周圍往內捏合，最後壓平中心，完成收口。

5 將麵團收口朝上，放入發酵藤籃中，用手指壓一下麵團。放置在溫度 30℃、濕度 65% 的環境下，做最後發酵 90 分鐘。

V · 裝飾、烘烤出爐

1 將最後發酵好的麵團取出，上面撒些手粉，用拇指及小指扣住發酵藤籃，將麵團倒扣到烤盤上。過程中動作儘量放輕，以免發酵好的麵團消氣。

2 在麵團表面用利刀劃深線。
TIP 劃線時速度要快，避免拖刀而導致割痕有鋸齒痕。

3 放入已經預熱至上火 240℃ / 下火 210℃ 的烤箱中烘烤 6 分鐘，改成上火 220℃、關掉下火繼續烤 6 分鐘，最後上下火都關掉，用餘溫烘烤 28 分鐘即可取出。

調理
how to ✕ cook !
吃 法

↖ 巧達海鮮湯盅 ↗

材料（**3 個份**）

舊金山酸麵包	**3 個**	無鹽奶油	**30g**
蛤蠣肉	**40g**	高筋麵粉	**35g**
蝦仁	**115g**	動物性鮮奶油	**30g**
培根絲	**40g**	牛奶	**70g**
洋蔥末	**85g**	水	**420g**
蒜末	**6g**	橄欖油	適量
月桂葉	**1 片**	白胡椒	少許
芹菜末	**15g**	鹽	少許
洋菇片	**30g**		

作法

1. 鍋中放入適量的水（材料分量外）煮滾，加入蛤蠣煮至蛤蠣全開，取出蛤蠣肉備用。

2. 鍋中倒入橄欖油燒熱，加入培根絲煎炸至金黃色，逼出培根油後取出。保留培根油備用。

3. 將培根油倒入鍋中，加入洋蔥末、蒜末、月桂葉，翻炒至洋蔥末變軟出水，呈現金黃色後取出備用。

4. 熱鍋中放入奶油、麵粉炒至收稠，再依序加入牛奶、動物性鮮奶油、水拌勻融合。

5. 再加入炒至金黃的洋蔥末，放入洋菇片、蝦仁，再加入白胡椒、鹽調味。

6. 煮滾後，加入蛤蠣肉拌勻，最後撒上培根絲、芹菜末，即完成巧達海鮮濃湯。

7. 最後，將舊金山酸麵包中間挖空，倒入巧達海鮮濃湯即完成。

漢堡

/ HAMBURGER /

漢堡的前身，是來自德國城市「漢堡（Hamburg）」的牛絞肉排，
當時常見的吃法，是將肉排用麵包片夾起來食用。
後來傳到了美國，在 1904 年聖路易斯世界博覽會中，
改以圓麵包夾入生菜和肉排，成了後來家喻戶曉的「漢堡（Hamburger）」。

• 剖面組織 。 Cut

| 外皮薄脆，表面覆蓋著密密的芝麻 | 中間有許多氣孔，組織鬆軟，帶些許彈性 |

• 材料 。 Ingredients

製作分量：14 個【一個 80g】

麵團	重量（g）	百分比（%）
高筋麵粉	500	100
鹽	6	1.2
細砂糖	130	26
牛奶	180	36
蛋黃	75	15
水	125	25

	重量（g）	百分比（%）
高糖酵母	8	1.6
無鹽奶油	125	25
總 計	1149	229.8

裝飾	重量（g）	百分比（%）
白芝麻	適量	-

• 製作工法與流程 。 Outline

I 麵團攪拌 → **II 基本發酵** → **III 分割 中間發酵** → **IV 整型 最後發酵** → **V 烘烤出爐**

- ◆用低速攪拌成團
- ◆改中速，攪拌至完成階段
- ◆加入奶油，攪拌至油脂融合

- ◆溫度 28℃、濕度 70%
- ◆基本發酵 60 分鐘

- ◆分割成重 80 公克的麵團
- ◆溫度 28℃、濕度 70%
- ◆中間發酵 30 分鐘

- ◆整型成圓形
- ◆沾附白芝麻
- ◆溫度 30℃、濕度 65%
- ◆最後發酵 60 分鐘

- ◆上火 190℃ / 下火 180℃，烤 8 分鐘
- ◆上火 170℃ / 下火 0℃，烤 10 分鐘

• 工法步驟 ∘ Directions

■ I · 麵團攪拌 ■

1 攪拌盆中先放入高筋麵粉、細砂糖、鹽,再倒入混合均勻的水與酵母、牛奶、蛋黃。

2 攪拌器裝入勾型攪拌棒,開始以低速攪拌約 2 分鐘,攪拌到粉狀感消失、麵團成團,改成中速攪拌約 8 分鐘。等麵團表面從粗糙變得光滑柔軟,原本沾黏的攪拌盆周圍也變得乾淨光亮時,取一小塊麵團出來,如果可以拉出具有延展性、洞口平滑、沒有鋸齒狀的透光薄膜,即可加入回軟的無鹽奶油。

3 加入奶油後,先以低速攪拌 2 分鐘,讓麵團吃油,再改成中速攪拌約 2 分鐘,攪拌到油脂融合即完成。

■ II · 基本發酵 ■

1 將攪拌好的麵團放到工作檯上,從兩側向上抓起後向前折、收入底部,再從上下兩側抓起,90 度轉向並翻面後向前折,順勢收入底部。接著將麵團滾圓到表面光滑,即可移入烤盤,放置在溫度 28℃、濕度 70% 的環境下,做基本發酵 60 分鐘。

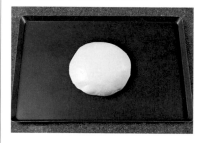

■ III · 分割、中間發酵 ■

1 將做完基本發酵的麵團取出,放到工作檯上,用手按壓幫助排氣後,分割成每個 80 公克的小麵團。

2 手以同方向畫圈的方法將麵團滾圓後,放入烤盤中,放置在溫度 28℃、濕度 70% 的環境下,做中間發酵 30 分鐘。

■ IV · 整型、最後發酵 ■

1 將做完中間發酵的麵團取出,放到工作檯上,將麵團滾圓至光滑,並捏實底部使其密合。

V·烘烤出爐

1 將做完最後發酵的麵團取出，放入已經預熱至上火 190℃ / 下火 180℃的烤箱中烘烤 8 分鐘，再改成上火 170℃、關掉下火繼續烘烤 10 分鐘即可取出。

2 準備一條乾淨的濕毛巾，鋪在盤子上備用。並在寬口的容器裡盛裝白芝麻。抓起麵團收口處，沾一下濕毛巾，再均勻沾裹白芝麻。收口朝下，放到烤盤上。

3 將麵團放置在溫度 30℃、濕度 65% 的環境下，做最後發酵60 分鐘。圖片為發酵前、發酵後的樣子。

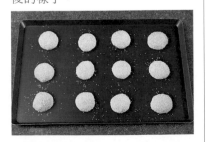

調理
how to X cook !
吃法

⌐ 貓王漢堡 ⌐

材料（1 個份）

漢堡	**1** 個	花生醬	適量
厚切培根	**2** 片	細砂糖	適量
新鮮香蕉	**1** 條	橄欖油	適量

作法

1. 培根兩面均勻沾滿細砂糖，熱鍋加入橄欖油，放入培根煎至兩面焦化成金黃色後取出備用。
2. 香蕉切片備用。
3. 漢堡對切、回烤加熱，取出後於兩面抹上花生醬。
4. 在下半部的麵包剖面上依序放滿培根與香蕉片。
5. 堆疊完成後蓋上上半部的另一半麵包，進入烤箱再次回烤即完成。

第4章
日式麵包
追求極致的完美主義配方

麵包最早出現在日本的紀錄，約莫是戰國時期，
但當時僅被當成打仗時的備糧，口感乾硬。
到了 1854 年開國後，麵包才算真正開始普及，
從今往後，擅長吸收和改良的大和民族，
就此發展出獨到的麵包文化。

PART 4
Japanese Bread

日本 Japan

從明治時代到大正時代，
可以說是日本麵包史急速發展的時期。
包入紅豆、克林姆、咖哩餡，
充滿日式風情的麵包大放異彩，
開創出許多經典口味。

紅豆麵包

難易度 ★★★

あんパン

創始於明治時代初期的紅豆麵包，
是為了當時不習慣吃麵包的日本人開創的口味。
加上鹽漬櫻花後，甚至成為了進獻給明治天皇的珍品，
和現今國民麵包的形象大相逕庭。

• 剖面組織 。 Cut

刷過蛋液的外皮光滑油
亮、帶咖啡色色澤

外形渾圓飽滿，組織的氣
孔細密，大小、分布均勻

中間填滿帶有顆粒、綿滑
的紅豆餡

• 材料 。 Ingredients

製作分量：8 個【一個 60g】

麵團	重量（g）	百分比（%）
高筋麵粉	250	100
細砂糖	57	22.7
鹽	3	0.9
高糖酵母	3	0.9
奶粉	7	2.7
煉乳	12	4.5
雞蛋	46	18.1
蛋黃	23	9
水 A	68	27
水 B（後加水）	12	4.5
無鹽奶油	25	10
總 計	506	200.3

內餡與裝飾	重量（g）	百分比（%）
紅豆餡 （製作方法詳見 P251）	480	-
白罌栗籽	少許	-
蜜紅豆粒	4 個	-
全蛋液	適量	-

• 製作工法與流程 。 Outline

I
麵團攪拌 →
II
基本發酵 →
III
翻面
延續發酵 →
IV
分割
中間發酵 →
V
包餡
最後發酵 →
VI
裝飾
烘烤出爐

◆ 用低速攪拌成團
◆ 改中速，攪拌至擴展階段
◆ 加入奶油，攪拌至完成階段

◆ 溫度 30℃、濕度75%
◆ 基本發酵 60 分鐘

◆ 以折疊方式翻面
◆ 溫度 30℃、濕度75%
◆ 延續發酵 30 分鐘

◆ 平均分割成重 60公克的麵團
◆ 滾圓
◆ 溫度 30℃、濕度75%
◆ 中間發酵 15 分鐘

◆ 包入紅豆餡
◆ 溫度 30℃、濕度75%
◆ 最後發酵 45 分鐘

◆ 上火 210℃ / 下火170℃，烤 7 分鐘
◆ 上火 180℃ / 下火170℃，烤 5 分鐘

• 工法步驟 ○ Directions

▌I·麵團攪拌 ▌

1 攪拌盆中先放入高筋麵粉、細砂糖、鹽、奶粉攪拌均勻，再放入高糖酵母以及事先拌勻的全蛋、蛋黃、水 A、煉乳。將勾型攪拌棒裝入攪拌器中，開始以低速攪拌約 5 分鐘。

2 攪拌到粉狀感消失、成團，改成中速攪拌約 7 分鐘。等麵團表面從粗糙到逐漸變得光滑柔軟，原本沾黏的攪拌盆周圍也變得乾淨光亮。取一小塊麵團出來，可輕拉出薄膜且具有延展性，即表示到達擴展階段，可放入室溫回軟的奶油。

3 先以低速攪拌約 1 分鐘後，改中速攪拌，分次加入水 B（後加水），持續攪拌到可以拉出洞口平滑、幾乎沒有鋸齒狀的透光薄膜，就表示麵團已經完成。

▌II·基本發酵 ▌

1 將攪拌好的麵團從鋼盆中取出，從兩側向上抓取後，向前折收入底部。接著從上下抓住麵團，90 度轉向後，翻面往前折，順勢收入底部，滾圓。

2 讓麵團收圓、表面光滑即可。放入已經撒上手粉的烤盤上，放置在溫度 30℃、濕度 75% 的環境下，做基本發酵 60 分鐘。

▌III·翻面、延續發酵 ▌

1 將基本發酵完成的麵團取出，表面撒上一些手粉，倒扣到工作檯上。四邊整型成長方形，並用十隻手指由上往下按壓，將中間的空氣排出。

2 先將左方的麵團往右折 1/3，再將右方的麵團向左折 1/3 後，壓實。

3 將下方麵團往上折 1/3，再將上方麵團往下折 1/3 後，將麵團的光滑面翻至上方。

4 翻面完的麵團放入烤盤上，放置在溫度 30℃、濕度 75% 的環境下，做延續發酵 30 分鐘。

IV・分割、中間發酵

1 將發酵好的麵團取出倒扣到工作檯上，在上面撒上一些手粉，分割成每個重 60 公克的小麵團。

2 全部滾圓後放入烤盤上，放置在溫度 30℃、濕度 75% 的環境下，做中間發酵 15 分鐘。

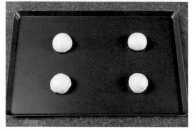

V・包餡、最後發酵

1 將紅豆餡均分成每個重 60 公克並搓圓。

2 將中間發酵完成的麵團取出後拍出空氣，呈扁圓形。以手指尖托住麵團，用包餡匙放入紅豆餡，並將餡料往下壓入麵團中。

3 左手握好麵團，右手以拇指與食指捏住麵團邊緣一角開始往中心捏合。左手一邊微微轉動麵團輔助，最後捏住中心轉一圈並壓平，完成收口。

4 將收口朝下，用手壓扁，接著將擀麵棍一端沾濕後，沾上白罌粟籽，壓入麵團中間，再放入一顆蜜紅豆。

5 陸續完成其他麵團，放置在溫度 30℃、濕度 75% 的環境下，做最後發酵 45 分鐘。圖片為發酵完成的樣子。

■ VI·裝飾、烘烤出爐 ■

1 將最後發酵完成的麵團刷上全蛋液，底部再加墊一層烤盤。

T·I·P 想要保持麵包的濕潤感，可以利用高溫縮短烘焙時間，減少水分流失。但底部容易燒焦，所以需要墊兩層烤盤降低溫度。

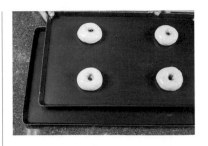

2 放入已經預熱至上火 210℃ / 下火 170℃的烤箱中烘烤 7 分鐘，改以上火 180℃ / 下火 170℃繼續烘烤 5 分鐘，表面呈現金黃色即可取出放涼。

• 紅豆餡 •

材料

	重量（g）	百分比（%）
紅豆	600	13.5
二砂糖	350	7.9
水	3500	78.6

* 此處為實際百分比

製作方法

1. 將紅豆用水洗淨後放入鍋中，倒入可以淹過紅豆的水量，煮滾。
2. 倒掉煮紅豆的水，再分次加入 3500 公克的水，一旦煮滾就加水。
3. 紅豆煮到可以用手輕易捏碎的軟綿程度後，加入二砂糖用中小火拌炒至水分收乾即可。

克林姆麵包

/ クリームパン /

明治 30 年，老牌麵包店新宿中村屋的創辦人相馬愛藏，
在無意間吃了一口卡士達泡芙後，念念不忘其美味，
便憑藉著記憶，做出了填滿奶油餡的麵包——「克林姆麵包」。
而棒球手套般的造型，據說是因為當時剛興起的棒球正蔚為風行。

• 剖面組織 。Cut

| 表面光滑飽滿，刷過蛋液後的色澤較深、油亮 | 內部組織以小氣孔為主，分布均勻且紮實 | 奶油餡位於中間位置，飽滿而綿密 |

• 材料 。Ingredients

製作分量：8 個【一個 60g】

麵團	重量（g）	百分比（%）
高筋麵粉	250	100
細砂糖	57	22.7
鹽	3	0.9
高糖酵母	3	0.9
奶粉	7	2.7
煉乳	12	4.5
雞蛋	46	18.1
蛋黃	23	9
水 A	68	27

	重量（g）	百分比（%）
水 B（後加水）	12	4.5
無鹽奶油	25	10
總 計	506	200.3

內餡與裝飾	重量（g）	百分比（%）
香草卡士達餡（製作方法詳見 P255）	240	-
全蛋液	適量	-
杏仁片	少許	-

• 製作工法與流程 。Outline

I 麵團攪拌
- 用低速攪拌成團
- 改中速，攪拌至擴展階段
- 加入奶油，攪拌至完成階段

II 基本發酵
- 溫度 30℃、濕度 75%
- 基本發酵 60 分鐘

III 翻面 延續發酵
- 溫度 30℃、濕度 75%
- 延續發酵 30 分鐘

IV 分割、整型、鬆弛
- 分割成重 60 公克的麵團，滾圓，鬆弛 10 分鐘
- 整型成橢圓形

V 包餡 最後發酵
- 包餡，劃刀
- 溫度 30℃、濕度 75%
- 最後發酵 50 分鐘

VI 裝飾 烘烤出爐
- 上火 210℃ / 下火 190℃，烤 8 分鐘
- 上火 190℃ / 下火 190℃，烤 4 分鐘

• 工法步驟 ◦ Directions

▌I·II·III·麵團製作▐

1 麵團的製作方法,請詳見日式紅豆麵包的工法步驟 (P249-250)。

▌IV·分割、整型、鬆弛▐

1 將發酵好的麵團倒扣到工作檯上,分割成重 60 公克的小麵團後滾圓,靜置鬆弛 10 分鐘。

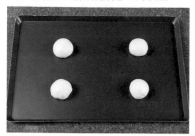

2 將麵團壓扁後,以擀麵棍上下滾動擀成橢圓麵皮,再利用切麵刀將麵皮鏟起移到烤盤上,靜置鬆弛 1-2 分鐘。

3 將麵團移到工作檯上,撒上手粉,再次以擀麵棍壓平橢圓麵皮,放入烤盤。

▌V·包餡、最後發酵▐

1 將事先做好的香草卡士達餡裝入擠花袋中,在橢圓麵皮中間擠入 30 公克。

2 先抓起麵皮的兩側,往中間貼合後,移入手掌中。

3 以拇指和食指從中間捏住貼合的麵團邊緣,往其中一邊仔細捏合。

4 另一邊也同樣仔細捏合,直到完全密合為止。

2 放入已經預熱至上火 210℃ / 下火 190℃的烤箱中烘烤 8 分鐘，改以上火 190℃ / 下火 190℃繼續烘烤 4 分鐘，表面呈現金黃色即可取出放涼。

5 用切麵刀在麵團上從 1/3 處往邊緣切到底，共切 3 刀。

6 將所有麵團完成包餡、劃刀動作後，放置在溫度 30℃、濕度 75% 的環境下，做最後發酵 50 分鐘。

■ VI·裝飾、烘烤出爐

1 將最後發酵完成的麵團取出，於表面均勻刷上全蛋液、放上兩片杏仁片裝飾。完成後，底部再加墊一層烤盤，即可避免因高溫而燒焦。

• 香草卡士達餡 •

材料

	重量（g）	百分比（%）
牛奶 A	138	55
細砂糖 A	14	5.6
香草莢（取籽）	2.5（1/4 枝）	1
蛋黃	23	9.2
細砂糖 B	14	5.6
牛奶 B	35	14
玉米粉	7	2.8
低筋麵粉	10	4
無鹽奶油	7	2.8
總 計	250.5	100

＊此處為實際百分比

製作方法

1. 鍋中放入牛奶 A、糖 A、香草籽一起煮滾。
2. 鍋中放入蛋黃、糖 B、牛奶 B、玉米粉與低筋麵粉，攪拌均勻。
3. 將煮滾的步驟 1 沖入步驟 2 中，一邊拌勻一邊煮到濃稠。
4. 離火後加入奶油，拌勻後過篩。
5. 降溫後備用即可。

日式菠蘿麵包

メロンパン

日式菠蘿的起源有諸多版本，一說是源自德國傳統工法，
在第一次世界大戰時傳入；另一說則是改良自帝國酒店的人氣麵包。
其日文名稱直譯為「哈蜜瓜麵包」，取自其渾圓的外形和紋路，
在某些地區又被稱為「日出麵包」，相當受大眾歡迎。

• 剖面組織 。 Cut

外層的菠蘿皮顏色淺白，　　外酥脆內鬆軟，氣孔小而
表面沾有糖粉　　　　　　　紮實，分布均勻

難
易
度

★
★
★

• 材料 。 Ingredients

製作分量：8 個【麵團一個 40g、菠蘿皮一個 25g】

麵團	重量（g）	百分比（%）
高筋麵粉	170	100
細砂糖	43	25
鹽	2	0.9
水	87	50.6
奶粉	5	2.9
高糖酵母	6	3.5
無鹽奶油	17	9.7
雞蛋	15	8.8
總 計	345	201.4

菠蘿皮	重量（g）	百分比（%）
低筋麵粉	90	45
砂糖	54	27
無鹽奶油	20	10
雞蛋（過篩）	34	17
泡打粉	1.2	0.6
香草莢醬	0.8	0.4
總 計	200	100

* 此處為實際百分比

裝飾	重量（g）	百分比（%）
細砂糖	少許	-

• 製作工法與流程 。 Outline

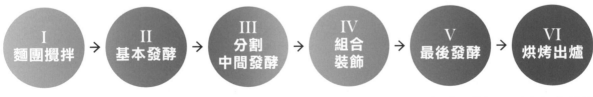

* 用低速攪拌成團
* 改中速，攪拌至擴展階段
* 加入奶油，攪拌至完成階段

* 溫度 30℃、濕度 75%
* 基本發酵 60 分鐘

* 分割成重 40 公克的麵團，滾圓
* 溫度 30℃、濕度 75%
* 中間發酵 15 分鐘

* 包覆菠蘿皮
* 劃紋路

* 溫度 27℃、濕度 70%
* 最後發酵 70 分鐘

* 上火 200℃ / 下火 170℃，烤 8 分鐘
* 上火 180℃ / 下火 170℃，烤 7 分鐘

• 工法步驟 ◦ Directions

■ I·麵團攪拌 ■

1 攪拌盆中先放高筋麵粉、細砂糖、鹽、奶粉攪拌均勻,再放入高糖酵母以及拌勻的雞蛋、水。將勾型攪拌棒裝入攪拌器中,開始以低速攪拌約 3 分鐘。

2 攪拌到粉狀感消失、成團,改成中速攪拌約 5 分鐘。等麵團表面從粗糙到逐漸變得光滑柔軟,原本沾黏的攪拌盆周圍也變得乾淨光亮。取一小塊麵團出來,可輕拉出薄膜且具有延展性,表示到達擴展階段,即可放入室溫回軟的奶油。

3 先以低速攪拌約 1 分鐘,改中速攪拌 3 分鐘,持續攪拌到可以拉出洞口平滑、無鋸齒狀的透光薄膜,就表示麵團已經完成。

■ II·基本發酵 ■

1 將攪拌好的麵團從鋼盆中取出,從兩側向上抓取後,向前折收入底部。接著從上下抓起麵團,90 度轉向後,翻面向前折,順勢收入底部,滾圓。

2 讓麵團收圓、表面光滑即可。放入已經撒上手粉的烤盤上,放置在溫度 30℃、濕度 75% 的環境下,做基本發酵 60 分鐘。

■ III·分割、中間發酵 ■

1 將發酵好的麵團倒扣到工作檯上,壓平,分割成重 40 公克的小麵團。

2 將麵團滾圓後放入烤盤中。放置在溫度 30℃、濕度 75% 的環境下,做中間發酵 15 分鐘。

■ IV·組合、裝飾 ■

1 將菠蘿皮材料混合均勻,分割成每個重 25 公克的小麵團,全部滾圓後放入盤中備用。

2 將完成中間發酵的麵團取出，再次逐一滾圓後，將背面的收口捏緊。

3 工作檯上撒上手粉，放上菠蘿皮並輕拍至扁平。以切麵刀略微鏟起菠蘿皮後，壓上麵團，再完全鏟起，讓菠蘿皮覆蓋在麵團上面。

4 一手輕抓麵團下方，另一手用虎口壓住菠蘿皮。一邊轉動一邊慢慢將菠蘿皮往下延展，讓麵團完全被菠蘿皮覆蓋。

5 抓住麵團，將菠蘿皮的那一面沾裹一下濕布，再沾裹細砂糖，用刮板壓出 3 條紋路。
T·I·P 也可以壓成格紋狀。

■ V·最後發酵

1 將完成的麵團放入烤盤中，放置在溫度 27℃、濕度 70% 的環境下，做最後發酵 70 分鐘。

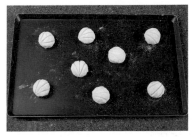

■ VI·烘烤出爐

1 將最後發酵完成的麵團取出，底部再加墊一層烤盤。放入已經預熱至上火 200℃ / 下火 170℃ 的烤箱中烘烤 8 分鐘，改以上火 180℃ / 下火 170℃ 繼續烘烤 7 分鐘到表面呈現金黃色即可取出。

鹽可頌

難易度 ★★★

塩パン——

近年來在台灣掀起搶購風潮的超人氣鹽可頌，
最初來自愛媛縣八幡濱市一家地方性的小麵包店。
為了提升酷暑中的食欲，店家突發奇想將鹽之花加入奶油捲中，
沒想到自此大受好評，屢屢創下單日銷售 6000 個的空前紀錄。

• 剖面組織 。 Cut

飽滿的表面光滑油亮，頂　　｜　　切面的氣孔細小緊密，中
端撒少許鹽之花點綴　　　　｜　　心留有奶油融化後的空洞

• 材 料 。 Ingredients

製作分量：15 個【一個 40g】

麵團	重量（g）	百分比（%）
高筋麵粉	240	54.5
低筋麵粉	200	45.5
細砂糖	62	14
鹽	9	2
牛奶	176	40
高糖酵母	9	2
雞蛋	106	24
無鹽奶油	71	16
冰塊	14	3
總 計	887	201

內餡	重量（g）	百分比（%）
無鹽奶油	10	-
鹽之花	1	-

裝飾	重量（g）	百分比（%）
全蛋液	適量	-
鹽之花	少許	-

T·I·P　裝飾用的鹽也可以用溫泉鹽、片鹽、粗鹽代替。

• 製作工法與流程 。 Outline

I 麵團攪拌 →	II 基本發酵 →	III 分割 中間發酵 →	IV 整型 包餡 →	V 最後發酵 →	VI 裝飾 烘烤出爐
◆用低速攪拌成團 ◆改中速，攪拌至擴展階段 ◆加入奶油，攪拌至完成階段	◆溫度 30℃、濕度 70% ◆基本發酵 60 分鐘	◆平均分割成重 40 公克的麵團 ◆整型成水滴狀 ◆溫度 30℃、濕度 70% ◆中間發酵 10 分鐘	◆擀成上寬下窄 ◆抹奶油、撒鹽 ◆捲起	◆溫度 30℃、濕度 70% ◆最後發酵 45 分鐘	◆上火 230℃ / 下火 180℃，烤 6 分鐘 ◆上火 180℃ / 下火 180℃，烤 4 分鐘

• 工法步驟 ◦ Directions

■ I · 麵團攪拌 ■

1 攪拌盆中先放入高筋麵粉、低筋麵粉、細砂糖、鹽攪拌均勻，加入高糖酵母，再將鮮奶與雞蛋混合均勻後倒入。將勾型攪拌棒裝入攪拌器中，開始以低速攪拌約 3 分鐘。

2 攪拌到粉狀感消失、成團，改成中速攪拌約 5 分鐘。等麵團表面從粗糙到逐漸變得光滑柔軟，原本沾黏的攪拌盆周圍也變得乾淨光亮，此時可放入冰塊降溫，繼續以低速攪拌約 3 分鐘。

3 接著放入在室溫回軟的奶油，改中速攪拌 3 分鐘，攪拌到可以拉出洞口平滑、沒有鋸齒狀的透光薄膜，就表示麵團已經完成。

■ II · 基本發酵 ■

1 將攪拌好的麵團從鋼盆中取出，從兩側向上抓取後，向前折收入底部。接著從上下抓起麵團，90 度轉向後，翻面向前折，順勢收入底部，滾圓。

2 讓麵團收圓至表面光滑即可。放入已經撒上手粉的烤盤上，放置在溫度 30℃、濕度 70% 的環境下，做基本發酵 60 分鐘。

■ III · 分割、中間發酵 ■

1 取出做好基本發酵的麵團，撒上手粉後倒扣到工作檯上，分割成每個重 40 公克的小麵團。

2 將麵團滾圓、壓扁後，從前往後翻折捲起。再將弧口擺在預定要搓寬的那一頭，手掌輕壓在要搓細的另一頭，來回滾壓，整型成水滴狀。

3 將整型好的麵團放入烤盤中，放置在溫度 30℃、濕度 70% 的環境下，做中間發酵 10 分鐘。

■ IV·整型、包餡 ■

1 將中間發酵好的麵團取出，均勻撒上手粉後，放在工作檯上，先略微滾動搓圓。

2 收口朝上，旋轉 90 度，取一擀麵棍放在麵團中間。

3 將麵團由上往下擀開，右手一邊以擀麵棍擀開的同時，左手一邊把麵團延展拉長。

4 邊拉邊擀成上寬下窄的形狀，最後擀成較寬的那一端較厚，窄的那一端較薄。

5 在較寬的那一端抹上適量的奶油、撒上少量的鹽之花，較窄的那一端黏在工作檯上固定。

6 先將較寬的那一端從上往下翻折捲起，並輕輕按壓，要注意力度不要過大，以免過於緊實導致發酵不易。完成後將接口處捏緊閉合。

■ V·最後發酵 ■

1 所有麵團依序整型完成後，收口朝下放入烤盤中。放置在溫度 30℃、濕度 70% 的環境下，做最後發酵 45 分鐘。圖片為發酵前與發酵後的對照。

■ VI·裝飾、烘烤出爐 ■

1 在每個完成最後發酵的麵團上均勻塗抹全蛋液，撒上適量的鹽之花。

2 烤盤下面再加墊一個烤盤，放入已經預熱至上火 230℃／下火 180℃的烤箱中烘烤 6 分鐘，改上火 180℃／下火 180℃繼續烘烤 4 分鐘即可取出放涼。

·高溫烘烤的技巧·

利用高溫速烤的麵包，吃起來較濕潤，但容易燒焦，所以需要墊 2 層烤盤。也可以降低溫度烤久一點，只是口感會較乾。

咖哩麵包

/ カレーパン /

出現在昭和時代初期（1920 年代）的咖哩麵包，
最大的特徵是使用油炸方式調理，包裏住滿滿的內餡。
起初的構想是來自當時大眾食堂最受歡迎的「咖哩飯」，
用麵包取代白飯的口感，開創出歷久彌新的超人氣商品。

• 剖面組織 。 Cut

| 包裹麵包粉後油炸的表皮，金黃酥脆 | 氣孔緊實綿密，麵包體佔的比例較少，皮薄餡多 | 中間的咖哩餡要煮到濃稠、偏乾 |

• 材料 。 Ingredients

製作分量：11 個【一個 50g】

麵團	重量（g）	百分比（%）
高筋麵粉	192	80
低筋麵粉	48	20
細砂糖	51	21
鹽	8	3
牛奶	144	60
高糖酵母	8	3
雞蛋	75	31
無鹽奶油	58	24
總 計	584	242

內餡與裝飾	重量（g）	百分比（%）
咖哩餡（製作方法詳見 P269）	440	-
蛋黃	20	-
麵包粉	適量	-

• 製作工法與流程 。 Outline

I
麵團攪拌
→
II
基本發酵
→
III
分割
中間發酵
→
IV
包餡
最後發酵
→
V
油炸

◆ 用低速攪拌成團
◆ 改中速，攪拌至擴展階段
◆ 加入奶油，攪拌至完成階段

◆ 溫度 30℃、濕度 70%
◆ 基本發酵 50 分鐘

◆ 分割成重 50 公克的麵團，滾圓
◆ 溫度 30℃、濕度 70%
◆ 中間發酵 20 分鐘

◆ 包入咖哩餡
◆ 溫度 30℃、濕度 70%
◆ 最後發酵 40 分鐘

◆ 油溫 170℃，油炸 1 分 30 秒
◆ 翻面，續炸 1 分 30 秒

• 工法步驟 ○ Directions

I · 麵團攪拌

1 攪拌盆中先放入高筋麵粉、低筋麵粉、細砂糖、鹽攪拌均勻，再放入高糖酵母以及事先拌勻的牛奶、雞蛋。將勾型攪拌棒裝入攪拌器中，開始以低速攪拌約 5 分鐘。

2 攪拌到粉狀感消失、成團，改成中速攪拌約 7 分鐘。等麵團表面從粗糙到逐漸變得光滑柔軟，原本沾黏的攪拌盆周圍也變得乾淨光亮，取一小塊麵團出來，可輕拉出薄膜且具有延展性，即表示到達擴展階段，可放入室溫回軟的奶油。

3 先以低速攪拌約 1 分鐘，改中速持續攪拌到可以拉出洞口平滑、幾乎沒有鋸齒狀的透光薄膜，就表示麵團已經完成。

II · 基本發酵

1 將攪拌好的麵團從鋼盆中取出，從兩側向上抓取後，向前折收入底部。接著從上下抓起麵團，90 度轉向後，翻面向前折，順勢收入底部，滾圓。

2 讓麵團收圓到表面光滑，即可放入已經撒上手粉的烤盤上，放置在溫度 30℃、濕度 70% 的環境下，做基本發酵 50 分鐘。

III · 分割、中間發酵

1 將基本發酵完成的麵團取出，倒扣到工作檯上，分割成重 50 公克的小麵團。

2 將麵團依序滾圓後，放入已經撒上手粉的烤盤上，放置在溫度 30℃、濕度 70% 的環境下，做中間發酵 20 分鐘。

IV · 包餡、最後發酵

1 將中間發酵完成的麵團以擀麵棍擀平成橢圓形。取出事先準備好的咖哩餡，均分成 11 等分，1 份 40 公克。搓成橢圓狀後，放入橢圓形麵皮中。

2 先抓起麵皮的兩側，往中間貼合後，移入手掌中，從中間以拇指與食指開始做捏合的動作，先將一邊仔細捏合。另一邊也接續完成，直到開口完全密合。

3 將所有麵團完成包餡動作，放入烤盤中，放置在溫度 30℃、濕度 70% 的環境下，做最後發酵 40 分鐘。

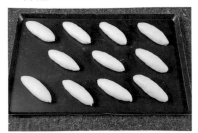

V·油炸

1 將發酵後的麵團先均勻沾裹一層蛋黃液，再均勻沾裹麵包粉。

2 鍋中放入適量的沙拉油加熱至 170℃，放入麵團後，一面先油炸 1 分 30 秒，翻面續炸 1 分 30 秒，炸至兩面都呈現漂亮金黃色即可取出放涼。

• 咖哩餡 •

材料

	重量（g）		重量（g）
無鹽奶油	8	咖哩粉	30
洋蔥丁	56	水	28
馬鈴薯丁	95	牛奶	28
紅蘿蔔丁	34	鹽	4
豬絞肉	167	**總計**	450

製作方法

1. 鍋中放入無鹽奶油加熱至融化後，放入洋蔥丁爆香。
2. 加入咖哩粉炒香，再加入豬絞肉炒至半熟後，放入紅蘿蔔丁、馬鈴薯丁炒香。
3. 倒入水煮滾後，再加入牛奶煮至濃稠，最後加鹽調味，即可熄火取出備用。

炒麵麵包

難易度 ★★★

焼きそばパン

為了彌補單吃麵包可能攝取不足的營養和飽足感，
日本人想到了將各種家常菜夾入麵包中的方法，
發展出咖哩麵包、炒麵麵包、可樂餅麵包等代表性吃法，
不但增加了食材豐富性，口味也深受大人小孩喜愛。

• 剖面組織 。 Cut

| 油亮的炒麵上，點綴紅薑和少許海苔粉 | 劃開的麵包中間，是緊實夾入的炒麵內餡 | 麵包的氣孔小而緊密，捏起來柔軟但紮實 |

• 材料 。 Ingredients

製作分量：12 個【一個 50g】

麵團	重量（g）	百分比（%）
高筋麵粉	330	100
細砂糖	76	23
鹽	3	0.9
奶粉	9	2.7
高糖酵母	3	0.9
煉乳	15	4.5
雞蛋	60	18
蛋黃	30	9
水 A	90	27.2

	重量（g）	百分比（%）
水 B（後加水）	15	4.5
無鹽奶油	33	10
總 計	664	200.7

內餡與裝飾	重量（g）	百分比（%）
炒麵餡料（製作方法詳見 P275）	500	-
紅薑絲	少許	-
海苔粉	少許	-
全蛋液	適量	-

• 製作工法與流程 。 Outline

I 麵團攪拌 → **II 基本發酵** → **III 翻面 延續發酵** → **IV 分割 中間發酵** → **V 整型 最後發酵** → **VI 烘烤出爐 組合**

I 麵團攪拌
- 用低速攪拌成團
- 改中速，攪拌至擴展階段
- 加入奶油，攪拌至完成階段

II 基本發酵
- 溫度 30℃、濕度 75%
- 基本發酵 60 分鐘

III 翻面 延續發酵
- 溫度 30℃、濕度 75%
- 延續發酵 30 分鐘

IV 分割 中間發酵
- 分割成重 60 公克的麵團，滾圓
- 溫度 30℃、濕度 75%
- 中間發酵 15 分鐘

V 整型 最後發酵
- 整成橄欖形
- 溫度 30℃、濕度 75%
- 最後發酵 45 分鐘

VI 烘烤出爐 組合
- 上火 230℃／下火 170℃，烤 10 分鐘
- 上火 180℃／下火 170℃，烤 5 分鐘
- 夾入餡料與裝飾

• 工法步驟 ◦ Directions

▐ I · 麵團攪拌 ▐

1 攪拌盆中先放高筋麵粉、細砂糖、鹽、奶粉攪拌均勻，再放入高糖酵母以及事先拌勻的煉乳、全蛋、蛋黃、水 A。將勾型攪拌棒裝入攪拌器中，開始以低速攪拌約 5 分鐘。

2 攪拌到粉狀感消失、成團，改成中速攪拌約 7 分鐘。等麵團表面從粗糙到逐漸變得光滑柔軟，原本沾黏的攪拌盆周圍也變得乾淨光亮，取一小塊麵團出來，可輕拉出薄膜且具有延展性，即表示到達擴展階段，可放入室溫回軟的奶油。

3 先以低速攪拌約 1 分鐘，改成 2 速攪拌約 6 分鐘，期間將水 B（後加水）分次加入，直到可以拉出幾乎沒有鋸齒狀的透光薄膜，就表示麵團已經完成。

▐ II · 基本發酵 ▐

1 將攪拌好的麵團從鋼盆中取出，從兩側向上抓取後，向前折收入底部。接著從上下抓住麵團，90 度轉向後，翻面向前折，順勢收入底部，滾圓。

2 讓麵團收圓到表面光滑，即可放入已經撒上手粉的烤盤上，放置在溫度 30℃、濕度 75% 的環境下，做基本發酵 60 分鐘。

▐ III · 翻面、延續發酵 ▐

1 將基本發酵完成的麵團取出，表面撒上一些手粉，倒扣到工作檯上，四邊整型成長方形後，用十隻手指由上往下按壓，將空氣排出。將左邊的麵團往右折 1/3，再將右邊的麵團往左折 1/3 後壓實。

2 將下方麵團往上折 1/3，再將上方麵團往下折 1/3 後，收口朝下，放入烤盤上。放置在溫度 30℃、濕度 75% 的環境下，做延續發酵 30 分鐘。

IV·分割、中間發酵

1 將發酵好的麵團倒扣到工作檯上,分割成每個重 50 公克的小麵團,再將麵團依序滾圓。

2 放置在溫度 30℃、濕度 75% 的環境下,做中間發酵 15 分鐘。圖片為發酵前、後的對照。

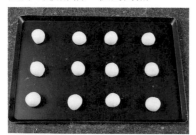

V·整型、最後發酵

1 取出完成中間發酵的麵團,用手掌拍扁、翻面,將底部固定於檯面上。

2 從上方往身體方向收捲,邊捲邊壓,直到完全捲完為止。再將兩邊搓尖,整型成橄欖形狀。

3 將其他麵團陸續完成,放入烤盤中,放置在溫度 30℃、濕度 75% 的環境下,做最後發酵 45 分鐘。

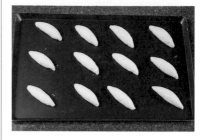

VI·烘烤出爐、組合

1 取出完成最後發酵的麵團,表面均勻刷上全蛋液。

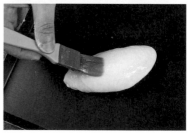

2 烤盤下面再加墊一個烤盤。放入已經預熱至上火 230℃ / 下火 170℃的烤箱中烘烤 10 分鐘,改上火 180℃ / 下火 170℃繼續烘烤 5 分鐘,表面呈現金黃色即可取出放涼。

3 在烘烤完成的麵包中間劃一刀、不要切斷,將麵包掰開,中間放入炒麵餡料、紅薑絲,再撒上海苔粉即完成。

・炒麵餡料・

材料

炒麵	重量(g)
油麵	240
高麗菜片	80
紅蘿蔔絲	50
洋蔥絲	80
培根片	50
伍特斯醬	5
大阪燒醬	30
總 計	**535**

大阪燒醬	重量(g)
烏醋	60
干貝蠔油	30
砂糖	22
鰹魚粉	5
太白粉	5
勾芡用水	15
總 計	**137**

製作方法

1. 製作大阪燒醬。將烏醋、干貝蠔油、砂糖、鰹魚粉一起放入鍋中,以中火煮滾後關火,將太白粉與勾芡用水混合均勻,再慢慢加入鍋中拌勻即完成。

2. 製作炒麵。鍋中先放入培根片、洋蔥絲爆香後,加入紅蘿蔔絲、高麗菜片一起翻炒均勻,再加入伍特斯醬、大阪燒醬翻炒,最後加入油麵拌勻即可取出。

湯種白吐司

/ 食パン /

日文「食パン」一詞，原指國外被當成主食的麵包，
後來隨著吐司的普及化，漸漸演變成了白吐司的代名詞。
以湯種製成的白吐司，烤後帶有明顯的發酵香氣，口感鬆軟，
是日本家庭早餐餐桌上最常出現的麵包，也是台灣人最愛的口味之一。

• 剖 面 組 織 。 Cut

| 使用附蓋的吐司模具烘烤，呈現漂亮的長方體 | 外皮金黃，中間有適度的彈性、均一的光澤 | 氣孔大、分布密，摸起來柔軟綿密 |

• 材 料 。 Ingredients

製作分量：3 條【一條 540g、吐司模尺寸：12 兩】

	重量（g）	百分比（%）
中種麵團		
高筋麵粉	560	60
高糖酵母	10	1
牛奶	345	38
湯種麵團		
高筋麵粉	160	20
細砂糖	19	2
鹽	19	2
熱水（100 度）	191	21
糯米粉	5	0.5

	重量（g）	百分比（%）
本種麵團		
高筋麵粉	187	20
高糖酵母	10	1
麥芽精	2	0.2
細砂糖	55	6
鹽	5	0.5
水	82	9
無鹽奶油	46	5
總 計	1696	186.2

• 製 作 工 法 與 流 程 。 Outline

I 麵團攪拌 → II 基本發酵 → III 分割 中間發酵 → IV 整型 最後發酵 → V 烘烤出爐

◆中種麵團用低速攪拌成團
◆湯種麵團用中速攪拌成團
◆本種麵團攪拌至完成階段

◆溫度 32℃、濕度 70%
◆基本發酵 60 分鐘

◆分割成重 270 公克的麵團
◆溫度 32℃、濕度 70%
◆中間發酵 15 分鐘

◆將麵團擀平捲起
◆溫度 32℃、濕度 70%
◆最後發酵 50 分鐘

◆上火 200℃ / 下火 210℃，烤 30 分鐘
◆上火 0℃ / 下火 0℃，烤 10 分鐘

• 工法步驟 。 Directions

▌I · 麵團攪拌

1 先製作中種麵團：攪拌盆中放入中種麵團的高筋麵粉、高糖酵母，再倒入加熱至常溫的牛奶，將勾型攪拌棒裝入攪拌器中，開始以低速攪拌約 3 分鐘。攪拌到粉狀感消失、成團，可以略微拉開的程度，即可取出。

2 將麵團放入鋼盆中，以常溫（夏天約室溫 25℃，冬天約室溫 23℃），發酵 1 小時，發酵至麵團拉開後可以看見內部組織的程度，即完成中種麵團的製作。

3 製作湯種麵團：攪拌盆中放入湯種麵團的高筋麵粉、細砂糖、鹽、糯米粉，將沸騰的熱水一次加入，以中速攪拌均勻即可取出，待冷卻後放入塑膠袋中保存備用。

4 準備好中種麵團與湯種麵團。先在攪拌盆中放入本種麵團的高筋麵粉、高糖酵母、細砂糖、鹽，再放入分割成小塊的中種麵團，接著放入湯種麵團，再倒入混合均勻的麥芽精與水。

5 攪拌器裝入勾型攪拌棒，開始以低速攪拌。攪拌到麵團成團後，改中速繼續攪拌。等麵團表面從粗糙逐漸變光滑柔軟，原本四周沾黏麵糊的攪拌盆也變得乾淨光亮後，即表示到達擴展階段，可加入放置在室溫下回軟的奶油，繼續攪拌。

6 取一小塊麵團出來拉出薄膜，若洞口平滑、幾乎沒有鋸齒狀，就表示麵團已經打到完成階段。

⬛ II・基本發酵 ⬛

1 將攪拌完成的麵團取出後放入烤盤中，放置在溫度 32℃、濕度 70% 的環境下，做基本發酵 60 分鐘。

⬛ III・分割、中間發酵 ⬛

1 將發酵好的麵團倒扣到工作檯上，撒上手粉，分割成每個重 270 公克的小麵團後，滾圓，放入烤盤中。放置在溫度 32℃、濕度 70% 的環境下，做中間發酵 15 分鐘。

⬛ IV・整型、最後發酵 ⬛

1 取出中間發酵好的麵團。以切麵刀將麵團收成橢圓形後，取出放在工作檯上。先用手拍扁，再用擀麵棍往上下擀開，排出中間的空氣。

2 將擀平的麵皮翻面，先將左側麵團往右折 1/3，再將右方麵團往左折 1/3，壓實後略微拍打。

3 將麵團底部往下拉成兩個角，黏在工作檯上固定。

4 將麵團由上往下捲收，一邊捲一邊壓實，直到最後收口。其他麵團也依序完成。

5 將 2 個捲好的麵團放入吐司模中，放入之後，從上方以拳頭略微將麵團壓實，並且蓋上上蓋。放置在溫度 32℃、濕度 70% 的環境下 50 分鐘，做最後發酵。

▓ V·烘烤出爐 ▓

1 最後發酵完成的麵團大約為 9 分滿，放入已經預熱至上火 200℃ / 下火 210℃的烤箱中烘烤 30 分鐘後，關上下火，以餘溫繼續烘烤 10 分鐘即可取出放涼。

⚜ 季節水果鮮奶油三明治 ⚜

材料（1個份）

湯種白吐司片	2 片
馬斯卡彭起司	200g
動物性鮮奶油	40g
細砂糖	60g
草莓	6 個
奇異果	1 個
水蜜桃	1/2 個

作法

1. 混合細砂糖、動物性鮮奶油打到 8 分發後，加入馬斯卡彭攪拌均勻。

2. 白吐司片切邊；水果切片。抹一半馬斯卡彭鮮奶油在白吐司上，擺上各種水果片，再抹一半馬斯卡彭鮮奶油，蓋上白吐司。

3. 用保鮮膜封好，冷藏半小時即可。切的時候使用泡過熱水的溫刀迅速切下，就會有漂亮的切面。

第 5 章
台式麵包
烙在記憶裡的在地好味道

在許多台灣人心中，麵包表面就是該泛著油光。
麵包在日治時期傳入台灣，二戰美軍協防時普遍，
就地取材撒上青綠的蔥花，包入滿滿的肉鬆，
讓台式麵包，儼然成了一個當代的
台灣飲食縮影。

PART 5
Taiwanese Bread

○ ○ ○ ○ ○

台灣
Taiwan

台式麵包的外表油亮、口感鬆軟，更傳統的做法，
還會用豬油代替油脂，烘烤出逼人的香氣。
儘管隨著健康意識抬頭，越來越多人推崇少油低糖，
但巷口麵包店架上的蔥花、肉鬆、菠蘿，
就是有種讓人戒不掉的魔力！

經典菠蘿麵包

難易度 ★★★

台式和日式的菠蘿麵包時常被混為一談，
但以相似度來看，也許和香港菠蘿包才算遠房親戚。
鬆軟的甜麵團上，包裹一層又甜又酥脆的外皮，
是每家台式麵包店不可少的老派經典口味。

• 剖面組織 ∘ Cut

| 表面交錯覆蓋規律的切痕
與自然的裂痕 | 外皮酥脆、閃耀油光,中
間的組織綿密、質地柔軟 | 切面的氣孔小,而且分布
均勻,壓下去會有彈性 |

• 材料 ∘ Ingredients

製作分量:16 個【甜麵團一個 80g、菠蘿皮一個 25g】

甜麵團	重量(g)	百分比(%)
高筋麵粉	720	100
細砂糖	123	17
鹽	8	1
高糖酵母	8	1
雞蛋	123	17
水	339	47
無鹽奶油	72	10
總 計	1393	193

使用模具:菠蘿麵包花紋壓紋

菠蘿皮	重量(g)	百分比(%)
高筋麵粉	170	40
無鹽奶油	100	23
細砂糖	100	23
雞蛋	60	14
總 計	430	100

* 此處為實際百分比

裝飾	重量(g)	百分比(%)
蛋黃液	適量	-

• 製作工法與流程 ∘ Outline

I 麵團攪拌 → **II 基本發酵** → **III 分割中間發酵** → **IV 組合菠蘿皮** → **V 最後發酵** → **VI 裝飾烘烤出爐**

I
- 用低速攪拌成團
- 改中速,攪拌至擴展階段
- 加入奶油,攪拌至完成階段

II
- 溫度 30℃、濕度 70%
- 基本發酵 50 分鐘

III
- 平均分割成重 80 公克的麵團
- 溫度 30℃、濕度 70%
- 中間發酵 30 分鐘

IV
- 拌勻菠蘿皮材料,搓成條狀
- 平均分割成重 25 公克的麵團
- 將菠蘿皮覆蓋在甜麵團上

V
- 溫度 30℃、濕度 70%
- 最後發酵 50 分鐘

VI
- 上火 190℃ / 下火 170℃,烤 8 分鐘
- 烤盤前後對調,上火調至 170℃,烘烤 4 分鐘

• 工法步驟 ◦ Directions

■ I · 麵團攪拌 ■

1 攪拌盆中先倒入水、打散的雞蛋液以及酵母,再倒入細砂糖、鹽、高筋麵粉。接著將攪拌器裝入勾型攪拌棒,以低速開始攪拌約 3 分鐘,此時可以將放置室溫的奶油切成小塊備用。

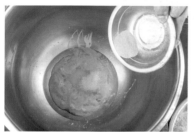

2 攪拌到粉狀感消失、成團後,改中速繼續攪拌。當麵團表面從粗糙到逐漸變得光滑柔軟,原本四周沾黏麵糊的攪拌盆也變得乾淨光亮時,取出一小塊麵團輕拉出薄膜,如果呈半透明、洞口邊緣為鋸齒狀,即表示到達擴展階段,可加入奶油繼續攪拌。

T·I·P 加入奶油後的攪拌溫度不能高於 26℃,避免出油難以操作。

3 取一小塊麵團出來拉出薄膜,若洞口平滑、幾乎沒有鋸齒狀,就表示麵團已攪拌到完成階段。

■ II · 基本發酵 ■

1 將攪拌好的麵團從鋼盆中取出放到工作檯上,略微整圓後,從兩側將麵團向上抓起,向前折收入底部。

2 接著從上下抓起麵團,90 度轉向後翻面,向前折收入底部,滾圓並移入烤盤。放置在溫度 30℃、濕度 70% 的環境下 50 分鐘,做基本發酵。

■ III·分割、中間發酵 ■

1 將基本發酵好的麵團取出，倒扣到工作檯上，抓起四邊整型成長方形後用十隻手指由上往下按壓，將空氣排出。分割成每個重 80 公克的麵團。

2 將麵團滾圓後，放入烤盤中，放置在溫度 30℃、濕度 70% 的環境下 30 分鐘，做中間發酵，即完成甜麵團的製作。

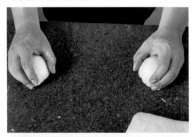

■ IV·組合菠蘿皮 ■

1 製作菠蘿皮：將放置室溫的奶油切成小塊備用。攪拌盆中放入細砂糖及奶油，充分攪拌均勻，打至泛白的微發狀態後，加入雞蛋，再次充分攪拌均勻。

2 在工作檯上鋪好 1/2 量的高筋麵粉，將攪拌好的材料放上去後，再均勻撒上一些高筋麵粉。

3 接著一邊以切麵刀切拌，一邊用手按壓塑型，並分次加入剩下的高筋麵粉，直到拌勻成光滑的麵團。

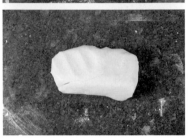

4 在麵團上撒一些手粉避免黏手後，搓成長條狀，再均分成每個重 25 公克的小麵團並搓圓。

5 在工作檯上撒上分量外的高筋麵粉，取一個小麵團，放在麵粉上壓扁成菠蘿皮。

6 抓一顆甜麵團，用擀麵棍擀成麵皮，黏到菠蘿皮上方後拉起，讓麵皮和菠蘿皮沾黏在一起後，將它們同時翻到另一隻手上，呈現菠蘿皮朝下的狀態。

7 接著開始從麵皮四邊往中間邊壓邊收，直到收口完全密合。

8 將收口朝下，用菠蘿麵包的壓模在頂端壓出格紋。

■ V · 最後發酵 ■

1 將組合完成的菠蘿麵團，排入烤盤中，放置在溫度 30℃、濕度 70% 的環境下 50 分鐘，做最後發酵。

■ VI · 裝飾、烘烤出爐 ■

1 取出發酵完成的麵團，每一個麵團表面均勻塗抹上蛋黃液。

2 放入已經預熱至上火 190℃ / 下火 170℃ 的烤箱中，烘烤 8 分鐘，再把烤盤前後對調，改成上火 170℃ / 下火 170℃ 烘烤 4 分鐘即完成。

墨西哥奶酥麵包

難易度
★
★

高溫下酥皮漸漸融化覆蓋在麵包上的樣子，
與墨西哥帽有幾分神似，所以被叫做墨西哥麵包。
雖然命名方式非常歐美，卻是最正港的台灣味！
不論麵包店的規模大小，總是能輕而易舉的發現它的身影。

• 剖面組織 。 Cut

| 外型圓潤，色澤金黃，表面帶有小小的氣孔 | 表皮酥脆香甜，中間的組織蓬鬆柔軟、有彈性 | 內餡填滿奶香濃郁的奶酥，口感細膩、富有層次 |

• 材料 。 Ingredients

製作分量：16 個【甜麵團一個 80g、墨西哥皮一個 25g】

甜麵團	重量（g）	百分比（%）
高筋麵粉	720	100
細砂糖	123	17
鹽	8	1
高糖酵母	8	1
雞蛋	123	17
水	339	47
無鹽奶油	72	10
總 計	1393	193

墨西哥皮	重量（g）	百分比（%）
低筋麵粉	125	27.1
糖粉	105	22.8
雞蛋	105	22.8
無鹽奶油	125	27.1
鹽	1	0.2
總 計	461	100

* 此處為實際百分比

內餡	重量（g）	百分比（%）
奶酥餡（製作方法詳見 P295）	640	-

• 製作工法與流程 。 Outline

I 麵團攪拌 → **II 基本發酵** → **III 分割中間發酵** → **IV 包餡最後發酵** → **V 擠墨西哥皮麵糊** → **VI 烘烤出爐**

- I
  - 用低速攪拌成團
  - 改中速，攪拌至擴展階段
  - 加入奶油，攪拌至完成階段
- II
  - 溫度 30℃、濕度 70%
  - 基本發酵 50 分鐘
- III
  - 平均分割成重 80 公克的麵團
  - 溫度 30℃、濕度 70%
  - 中間發酵 30 分鐘
- IV
  - 每個甜麵團內包裹奶酥餡
  - 溫度 30℃、濕度 70%
  - 最後發酵 50 分鐘
- V
  - 將墨西哥皮材料攪拌均勻
  - 每個甜麵團上擠上墨西哥皮麵糊
- VI
  - 上火 190℃ / 下火 170℃，烤 8 分鐘
  - 烤盤前後對調，上火調至 170℃，烘烤 4 分鐘

• 工法步驟 ◦ Directions

I·II·III·麵團製作

★ 甜麵團的詳細製作方法，請參考經典菠蘿麵包的工法步驟（P289-290）。

1 先以低速將所有材料攪拌到成團後，轉中速攪拌到擴展階段。接著加入回軟的奶油，持續攪拌到光滑的完成階段。

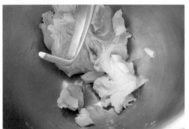

2 將攪拌完成的麵團滾圓後，放置在溫度30℃、濕度70%的環境下50分鐘，做基本發酵。

3 將發酵後的麵團按壓排氣後，分割成每個重80公克的小麵團，並依序滾圓後，移到烤盤上。放在溫度30℃、濕度70%的環境下30分鐘，做中間發酵，即完成甜麵團製作。

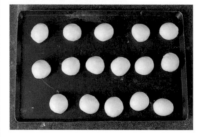

IV·包餡、最後發酵

1 在工作檯上備妥中間發酵好的甜麵團，用掌心稍微拍扁，呈現中間厚、旁邊薄的形狀。取一顆置於虎口上，再取40公克奶酥餡，用力壓入麵團中。

2 從邊緣開始往中間邊捏邊收，最後在中間收口。

3 將所有甜麵團依序包入餡料後，收口朝下，放入烤盤中。放置在溫度 30℃、濕度 70% 的環境下 50 分鐘，做最後發酵。

V·擠墨西哥皮麵糊

1 製作墨西哥皮麵糊。將奶油、糖粉、鹽一起放入攪拌盆中拌勻，再加入雞蛋一起攪拌，最後加入低筋麵粉拌勻。

2 將墨西哥皮麵糊裝入擠花袋中，在最後發酵好的麵團表面，依序以畫圈方式擠上約 25 公克墨西哥皮麵糊做裝飾。

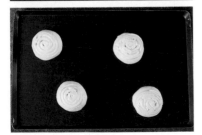

VI·烘烤出爐

1 將裝飾完成的墨西哥奶酥麵團，排入烤盤中。放入已經預熱至上火 190℃ / 下火 170℃ 的烤箱中，烘烤 8 分鐘，再把烤盤前後對調，改成上火 170℃ / 下火 170℃ 烘烤 4 分鐘即完成。

·奶酥餡·

材料

	重量（g）	百分比（%）
無鹽奶油	200	30.5
糖粉	134	20.4
雞蛋	56	8.5
奶粉	264	40.6
總計	654	100

* 此處為實際百分比

製作方法

1. 將奶油放室溫回軟後，加入糖粉，攪打至奶油泛白。
2. 分次交入雞蛋攪拌均勻。
3. 再加入奶粉拌勻即可。

蔥花熱狗麵包

曾經在網路上票選為人氣最高的「台式麵包之王」，
蔥花麵包是許多台灣人記憶中對麵包最深的印象。
高溫烘烤後的蔥油香，加上口感豐富的熱狗，
鹹甜鹹甜，是吃進心坎裡的小時候的味道。

• 剖面組織 。 Cut

用剪刀剪成麥穗狀的表面油亮，鋪滿青蔥	麵包體的氣孔大小均勻，組織鬆軟帶有彈性	高溫烘烤過的蔥香濃郁，可以吃到很多成塊的熱狗

• 材料 。 Ingredients

製作分量：16 個【一個 80g】

甜麵團	重量（g）	百分比（%）
高筋麵粉	720	100
細砂糖	123	17
鹽	8	1
高糖酵母	8	1
雞蛋	123	17
水	339	47
無鹽奶油	72	10
總 計	1393	193

內餡與裝飾	重量（g）	百分比（%）
蔥花餡（製作方法詳見 P299）	320	-
熱狗	16 條	-
白芝麻	少許	-
美乃滋	少許	-
全蛋液	適量	-

• 製作工法與流程 。 Outline

I 麵團攪拌	II 基本發酵	III 分割 中間發酵	IV 包餡整型 最後發酵	V 鋪蔥花餡	VI 烘烤出爐
◆用低速攪拌成團 ◆改中速，攪拌至擴展階段 ◆加入奶油，攪拌至完成階段	◆溫度 30℃、濕度 70% ◆基本發酵 50 分鐘	◆平均分割成重 80 公克的麵團 ◆溫度 30℃、濕度 70% ◆中間發酵 30 分鐘	◆每個甜麵團內包一份熱狗 ◆溫度 30℃、濕度 70% ◆最後發酵 50 分鐘	◆每個甜麵團上放入蔥花餡	◆上火 190℃ / 下火 170℃，烤 8 分鐘 ◆烤盤前後對調，上火調至 170℃，烘烤 4 分鐘

• 工法步驟 。 Directions

I · II · III · 麵團製作

★ 甜麵團的詳細製作方法，請參考經典菠蘿麵包的工法步驟（P289-290）。

1 先以低速將所有材料攪拌到成團後，轉中速攪拌到擴展階段。接著加入回軟的奶油，持續攪拌到光滑的完成階段。

2 將攪拌完成的麵團滾圓後，放置在溫度 30℃、濕度 70% 的環境下 50 分鐘，做基本發酵。

3 將發酵後的麵團按壓排氣後，分割成每個重 80 公克的小麵團，並依序滾圓後，移到烤盤上。放在溫度 30℃、濕度 70% 的環境下 30 分鐘，做中間發酵，即完成甜麵團製作。

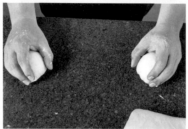

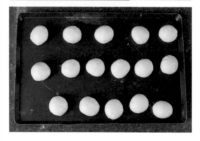

IV · 包餡整型、最後發酵

1 將熱狗對半切開。

2 取一顆中間發酵好的甜麵團稍微拉長，用擀麵棍向前、後擀開成長方形，底部麵團以十隻手指滑壓固定。

3 上方交錯置放對切的熱狗，由上往下捲起，邊捲邊壓實，捲到底部收口，來回滾動一下。

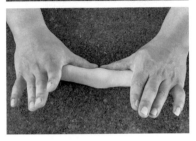

4 剪刀以傾斜 45 度角的方式，從一端開始剪麵團至 2/3 的深度，剪開的部分以左右交錯的方式向兩邊推開。

5 將所有甜麵團依序包入餡料並完成整型，放入烤盤中。放置在溫度 30℃、濕度 70% 的環境下 50 分鐘，做最後發酵。

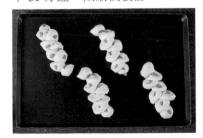

V·鋪蔥花餡

1 在最後發酵好的麵團表面刷上全蛋液，再放入約 20 公克的蔥花餡、撒上白芝麻、淋上美乃滋做裝飾。

VI·烘烤出爐

1 將組合好的蔥花餡麵團，放入預熱至上火 190℃ / 下火 170℃ 的烤箱中，烘烤 8 分鐘，再把烤盤前後對調，改成上火 170℃ / 下火 170℃ 烘烤 4 分鐘即完成。

·蔥花餡·

材料

	重量（g）	百分比（%）
青蔥	270	78
雞蛋	40	12
沙拉油	30	8.6
鹽	4	1.2
白胡椒	1	0.2
總 計	345	100

＊此處為實際百分比

製作方法

將所有材料放入容器中攪拌均勻即完成。

海苔肉鬆麵包

鬆軟的甜麵包，一層厚厚的美乃滋，口口肉鬆香，
是正統的台灣味，也是台式麵包中不會缺席的經典款！
在每個人心中，總有一款麵包在腦海裡深藏，
但說起這款麵包，即便是不同世代，也能有著共同話題。

• 剖面組織。Cut

| 呈兩端尖尖的橄欖形狀，表面蓋滿肉鬆和海苔絲 | 麵包體鬆軟有彈性，表面用一層美乃滋黏住肉鬆 | 中間的組織氣孔大小、分布均勻，可看到些許薄膜 |

• 材料。Ingredients

製作分量：16 個【一個 80g】

甜麵團	重量（g）	百分比（%）
高筋麵粉	720	100
細砂糖	123	17
鹽	8	1
高糖酵母	8	1
雞蛋	123	17
水	339	47
無鹽奶油	72	10
總 計	1393	193

內餡與裝飾	重量（g）	百分比（%）
肉鬆	200	99.5
海苔絲	1	0.5
美乃滋	少許	-
總 計	201	100

＊此處為實際百分比

• 製作工法與流程。Outline

| I 麵團攪拌 | → | II 基本發酵 | → | III 分割 中間發酵 | → | IV 整型 最後發酵 | → | V 烘烤出爐 | → | VI 抹餡裝飾 |

- 用低速攪拌成團
- 改中速，攪拌至擴展階段
- 加入奶油，攪拌至完成階段

- 溫度 30℃、濕度 70%
- 基本發酵 50 分鐘

- 平均分割成重 80 公克的麵團
- 溫度 30℃、濕度 70%
- 中間發酵 30 分鐘

- 將甜麵團整型為橄欖形
- 溫度 30℃、濕度 70%
- 最後發酵 50 分鐘

- 上火 190℃／下火 170℃，烤 8 分鐘
- 烤盤前後對調，上火調至 170℃，烘烤 4 分鐘

- 每個甜麵團上以肉鬆海苔裝飾

• 工法步驟 ◦ Directions

▓ I·II·III·麵團製作 ▓

★甜麵團的詳細製作方法，請參考經典菠蘿麵包的工法步驟（P289-290）。

1 先以低速將所有材料攪拌到成團後，轉中速攪拌到擴展階段。接著加入回軟的奶油，持續攪拌到光滑的完成階段。

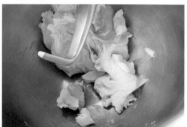

2 將攪拌完成的麵團滾圓後，放置在溫度 30℃、濕度 70% 的環境下 50 分鐘，做基本發酵。

3 將發酵後的麵團按壓排氣後，分割成每個重 80 公克的小麵團，並依序滾圓後，移到烤盤上。放在溫度 30℃、濕度 70% 的環境下 30 分鐘，做中間發酵，即完成甜麵團製作。

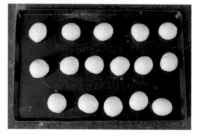

▓ IV·整型、最後發酵 ▓

1 取一顆中間發酵好的甜麵團用手掌拍壓，稍微整成長方形，用手指將麵團底部向下滑壓，固定在工作檯上。

2 由上往下捲起，邊捲邊壓實，捲到底部。

3 捲到底部收口，來回推壓一下，呈現橄欖形。

4 其他麵團也依序整型好後，放入烤盤中。放置在溫度 30℃、濕度 70% 的環境下 50 分鐘，做最後發酵。

V·烘烤出爐

1 將發酵好的麵團放入已經預熱至上火 190℃ / 下火 170℃ 的烤箱中，烘烤 8 分鐘，再把烤盤前後對調，改成上火 170℃ / 下火 170℃ 烘烤 4 分鐘。

VI·抹餡裝飾

1 肉鬆海苔放入鋼盆中，在已經放涼的甜麵包上，均勻裹上一層美乃滋後，再放入鋼盆中均勻沾裹肉鬆海苔即完成。

蔓越莓乳酪軟歐

難易度 ★★★

聽起來像是從歐洲來的軟歐麵包，
其實是以國人喜歡的鬆軟口感開發，
結合歐包低油特點，貨真價實的台式麵包。
加入帶有酸味的蔓越莓，以及高融點的乳酪丁，
豐富的層次口感，迅速擄獲台灣人的味蕾。

• 剖面組織 。Cut

| 劃過刀的表面裂出漂亮的凹痕，覆蓋一層白麵粉 | 外層酥硬，中間的組織軟綿 Q 彈，充滿嚼勁 | 氣孔大小均勻，麵包體間夾帶蔓越莓乾和乳酪丁 |

• 材料 。Ingredients

製作分量：9 個【一個 200g】

	重量（g）	百分比（%）
高筋麵粉	810	100
細砂糖	138	17
鹽	12	1.4
高糖酵母	12	1.4
牛奶	373	46

	重量（g）	百分比（%）
水	187	23
無鹽奶油	43	5.2
蔓越莓乾	162	20
高融點乳酪丁	81	10
總 計	1818	224

• 製作工法與流程 。Outline

I 麵團攪拌
- 用低速攪拌成團
- 改中速，攪拌至完成階段
- 放入蔓越莓乾與乳酪丁略微拌勻

II 基本發酵
- 溫度 30℃、濕度 70%
- 基本發酵 45 分鐘

III 分割中間發酵
- 平均分割成重 200 公克的麵團
- 溫度 30℃、濕度 70%
- 中間發酵 15 分鐘

IV 整型
- 整型成圓柱狀

V 最後發酵
- 溫度 30℃、濕度 70%
- 最後發酵 40 分鐘

VI 烘烤出爐
- 上火 200℃ / 下火 170℃
- 烘烤 14 分鐘

• 工法步驟 。 Directions

▓ Ⅰ·麵團攪拌 ▓

1 攪拌盆中先倒入牛奶及水，加入高糖酵母後略微攪拌。

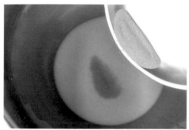

2 盆中再加入細砂糖、鹽、高筋麵粉，以及放置室溫回軟後切小塊的奶油，攪拌器裝入勾型攪拌棒，開始以低速攪拌。

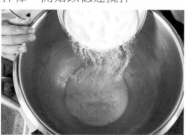

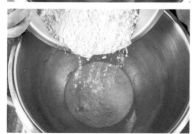

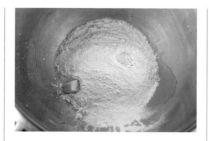

3 攪拌到粉狀感消失、成團後，改成中速繼續攪拌。當麵團表面從粗糙到逐漸變得光滑柔軟，原本四周沾黏麵糊的攪拌盆也變得乾淨光亮時，取出一小塊麵團輕拉出薄膜，如果呈半透明、且洞口平滑、幾乎沒有鋸齒狀，即表示到達完成階段。

4 將事先混合好的蔓越莓乾與高融點乳酪丁倒入鋼盆中，用低速稍微拌勻。

▓ Ⅱ·基本發酵 ▓

1 將攪拌好的麵團從鋼盆中取至工作檯上，上面撒點手粉，略微拍扁。

2 雙手抓起麵團兩端，向前折、收入底部，接著抓起上下兩端，90 度轉向後翻面，同樣向前折、收入底部，接著滾圓到表面光滑，便可放入烤盤上。放置在溫度 30℃、濕度 70% 的環境下 45 分鐘，做基本發酵。

2 發酵前、發酵後的差異。

III·分割、中間發酵

1 在發酵好的麵團上面撒一些手粉，倒扣到工作檯上，抓起四邊整型成長方形，分割成每一份 200 公克重的麵團。

2 取其中一個麵團出來，雙手抓起靠近身體的一端向前折、收入底部，90 度轉向並翻面後，再次將麵團向前折、收入底部後滾圓。

3 全部滾圓完成後放入烤盤中，放置在溫度 30℃、濕度 70% 的環境下 15 分鐘，做中間發酵。

IV·整型

1 第二次發酵完成的麵團放在工作檯上，取其中一個麵團出來，拍出空氣，略整成長方形。

2 先將右側麵團往左邊折 1/3，再將左側的麵團往中間折到完全蓋住折線後，拍平。

3 由上往下邊折邊收，最後收入底部滾成橄欖形。

V · 最後發酵

1 將整型後的麵團放在撒入手粉的烤盤上，放置在溫度 30℃、濕度 70% 的環境下 40 分鐘，做最後發酵。

VI · 烘烤出爐

1 將發酵好的麵團表面用利刀劃兩道深線。

T·I·P 劃線時速度要快，以免沾黏。

2 在劃好線的麵團上均勻篩上高粉後，可再將刀痕加深一下，這樣烘烤出來的裂痕會更完美。

3 放入預熱至上火 200℃ / 下火 170℃的烤箱中，烘烤 14 分鐘至表面金黃上色，即可取出待涼。

巧克力核桃軟歐

難易度 ★★★

苦中帶甜的巧克力核桃，不像一般甜麵包吃久了膩口，
在台灣人喜歡的鬆軟口感中保有適度的嚼勁，
是因應現代人需求的改良版巧克力麵包。
儘管每家店的軟歐口味層出不窮，
這款麵包的人氣依然居高不下。

• 剖面組織 。 Cut

| 呈現漂亮的可可黑色,劃過刀的表面裂出明顯凹痕 | 外層較硬,但中間的組織綿密鬆軟、充滿彈性 | 氣孔均勻、分布緊密,麵包體中間包有完整的核桃 |

• 材料 。 Ingredients

製作分量:8 個【一個 200g】

	重量(g)	百分比(%)
高筋麵粉	775	100
細砂糖	124	16
鹽	11	1.4
高糖酵母	11	1.4
牛奶	272	35
水	256	33

	重量(g)	百分比(%)
無鹽奶油	48	6.1
黑炭可可粉	16	2
核桃	78	10
水滴巧克力	93	12
總計	1687	216.9

• 製作工法與流程 。 Outline

I 麵團攪拌 → **II 基本發酵** → **III 分割 中間發酵** → **IV 整型** → **V 最後發酵** → **VI 烘烤出爐**

- I 麵團攪拌
  - 用低速攪拌成團
  - 改中速,攪拌至完成階段
  - 放入核桃與水滴巧克力略微拌勻

- II 基本發酵
  - 溫度 30℃、濕度 70%
  - 基本發酵 45 分鐘

- III 分割中間發酵
  - 平均分割成重 200 公克的麵團
  - 溫度 30℃、濕度 70%
  - 中間發酵 15 分鐘

- IV 整型
  - 整型成圓形

- V 最後發酵
  - 溫度 30℃、濕度 70%
  - 最後發酵 40 分鐘

- VI 烘烤出爐
  - 上火 210℃ / 下火 170℃
  - 烘烤 14 分鐘

• 工法步驟 ◦ Directions

■ I·麵團攪拌

1 攪拌盆中先倒入牛奶及水，加入高糖酵母後略微攪拌。

2 盆中再加入細砂糖、鹽、高筋麵粉、黑炭可可粉，以及放置室溫回軟後切小塊的奶油，攪拌器裝入勾型攪拌棒，開始以低速攪拌。

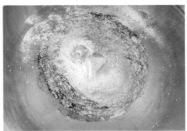

3 攪拌到粉狀感消失、成團後，改成中速繼續攪拌。當麵團表面從粗糙到逐漸變得光滑柔軟，原本四周沾黏麵糊的攪拌盆也變得乾淨光亮時，取出一小塊麵團輕拉出薄膜，如果呈半透明、且洞口平滑、幾乎沒有鋸齒狀，即表示到達完成階段。

4 將事先混合好的核桃與水滴巧克力倒入，用低速稍微拌勻。

■ II·基本發酵

1 取出攪拌好的麵團，上面撒點手粉，略微拍扁。

2 雙手抓起麵團兩端，向前折、收入底部，接著抓起上下兩端，90 度轉向後翻面，同樣向前折、收入底部，滾圓到表面光滑後，便可放入烤盤上。放置在溫度 30℃、濕度 70% 的環境下 45 分鐘，做基本發酵。

3 發酵前、後的差異。

III·分割、中間發酵

1 在發酵好的麵團上面撒一些手粉,倒扣到工作檯上,抓起四邊整型成長方形。

2 分割成每一份 200 公克重的小麵團。

3 取其中一個麵團出來,雙手抓起靠近身體的一端向前折、收入底部,90 度轉向並翻面後,再次將麵團向前折、收入底部,接著滾圓到表面光滑。

4 將滾圓後的麵團放入烤盤中,放置在溫度 30℃、濕度 70% 的環境下 15 分鐘,做中間發酵。

IV·整型

1 將發酵過的麵團移到工作檯上,拍打一下將空氣排出。

2 翻面,將光滑面朝下,把麵團上端往下折一截後,稍微按壓固定。接著轉向 90 度,以拇指按住麵團中心點,將麵團邊緣依序抓捏到中心點後,壓實。

3 翻面後滾圓，並將底部中心點捏緊。

▌V · 最後發酵 ▌

1 將整型後的麵團放在烤盤上，放置在溫度 30℃、濕度 70% 的環境下 40 分鐘，做最後發酵。

▌VI · 烘烤出爐 ▌

1 在最後發酵好的麵團表面均勻篩上高粉後，用利刀在上面劃「井字」深線。

T·I·P 劃線時速度要快，以免沾黏。

2 放入已經預熱至上火 210℃ / 下火 170℃的烤箱中，烘烤 14 分鐘至表面金黃上色，即可取出待涼。

PART 5　台式麵包 / 巧克力核桃軟歐　　315

白吐司

台式白吐司不像日式湯種軟綿，也沒有英式吐司的脆皮，
但口感紮實、越嚼越有香氣，是最平實家常的好滋味。
使用帶蓋模具烘烤出平頂的長方體，做成三明治，
或是烤得酥脆再抹上果醬，都是不能錯過的美味。

• 剖面組織 。 Cut

| 麵團在烤模內膨脹成工整的方正外型，外皮金黃 | 麵包外皮和中間組織的分層明顯，外硬內軟 | 透過加蓋抑制發酵空間，氣孔緊密細緻、更有彈性 |

• 材料 。 Ingredients

製作分量：1 條【一條 1200g、吐司模尺寸：26 兩】

	重量（g）	百分比（%）
高筋麵粉	700	100
奶粉	28	3.9
細砂糖	59	8.4
鹽	16	2.2
高糖酵母	7	0.9

	重量（g）	百分比（%）
鮮奶油	20	2.8
雞蛋	28	3.9
水	389	55.5
無鹽奶油	40	5.6
總 計	1287	183.2

• 製作工法與流程 。 Outline

I 麵團攪拌 → II 基本發酵 → III 分割中間發酵 → IV 整型 → V 最後發酵 → VI 烘烤出爐

- I 麵團攪拌
  - ◆用低速攪拌成團
  - ◆改中速，攪拌至完成階段
- II 基本發酵
  - ◆溫度 30℃、濕度 70%
  - ◆基本發酵 50 分鐘
- III 分割中間發酵
  - ◆平均分割成重 240 公克的麵團
  - ◆溫度 30℃、濕度 70%
  - ◆中間發酵 30 分鐘
- IV 整型
  - ◆將麵團整型後放入烤模
- V 最後發酵
  - ◆溫度 30℃、濕度 70%
  - ◆最後發酵 50 分鐘
- VI 烘烤出爐
  - ◆上火 200℃／下火 240℃，烤 20 分鐘
  - ◆上火 180℃／下火 170℃，烤 15 分鐘

• 工法步驟 ◦ Directions

■ I · 麵團攪拌 ■

1 攪拌盆中先倒入鮮奶油，再倒入打散的雞蛋液及水，加入酵母後略微攪拌。

2 再加入細砂糖、鹽、高筋麵粉、奶粉，以及放置室溫回軟後切成小塊的奶油，攪拌器裝入勾型攪拌棒，以低速開始攪拌約 3 分鐘。

3 攪拌到粉狀感消失、成團後，改中速繼續攪拌。當麵團表面從粗糙到逐漸變得光滑柔軟，原本四周沾黏麵糊的攪拌盆也變得乾淨光亮時，取出一小塊麵團輕拉出薄膜，如果呈半透明、且洞口平滑、幾乎沒有鋸齒狀，即表示到達完成階段。

■ II · 基本發酵 ■

1 將攪拌好的麵團從鋼盆中取出放到工作檯上，從兩側向上抓取後，向前折收入底部，接著從上下兩側抓起麵團，90 度轉向並翻面後，一樣向前折、收入底部後滾圓。

2 將麵團移入烤盤，放置在溫度 30℃、濕度 70% 的環境下 50 分鐘，做基本發酵。

■ III · 分割、中間發酵 ■

1 將基本發酵好的麵團倒扣到工作檯上，抓起四邊整型成長方形後，用十隻手指由上往下按壓，將空氣排出。接著分割成每一份重為 240 公克的小麵團。

2 取其中一個麵團出來，雙手抓起靠近身體的一端向前折、收入底部，90 度轉向並翻面後，再次將麵團向前折、收入底部後滾圓。

3 將所有麵團滾圓後放入烤盤中，放置在溫度 30℃、濕度 70% 的環境下 30 分鐘，做中間發酵。

IV·整型

1 取出中間發酵好的麵團放在工作檯上，略微拍壓，用擀麵棍往上、下擀開。

2 翻面，將麵團輕拍至扁平後，把靠近身體這端的麵團往上折 1/3，再將上方麵團往下折完全覆蓋之前的反折處後，略微拍打壓實。

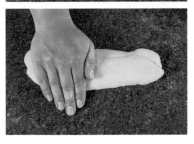

3 90 度轉向，將麵團由上往下邊捲邊壓實。捲最後一圈前，先用手指將底部往下拉薄，固定在檯面上，再往下捲完。

V·最後發酵

1 烤模事先噴上烤盤油，一個烤模放入 5 個麵團，用指節略微按壓。蓋上蓋子，放置在溫度 30℃、濕度 70% 的環境下 50 分鐘，做最後發酵。

T·I·P 噴上烤盤油是為了防止麵團沾黏，但如果烤模本身材質是不沾黏的，這個步驟就可以省略。

VI·烘烤出爐

1 觀察一下麵團是否發酵完成，即可蓋上蓋子，放入已經預熱至上火 200℃ / 下火 240℃的烤箱中烘烤 20 分鐘，再把烤盤前後對調，改成上火 180℃ / 下火 170℃烘烤 15 分鐘。出爐後打開蓋子，倒扣在出爐架上待涼。

⌐ 鮪魚洋蔥三明治 ⌐

材料（2個份）

		【鮪魚餡】	
白吐司	3 片	罐頭鮪魚	120g
生菜	適量	洋蔥丁	30g
牛番茄	4 片	美乃滋	60g
		火腿丁	10g
		黑胡椒粗粒	2g

作法

1. 鮪魚罐頭濾乾，取出鮪魚；將鮪魚餡的所有材料攪拌均勻。
2. 將吐司切邊後，在一片吐司上疊上生菜、鮪魚餡，再放上番茄片。
3. 蓋上另一片吐司後，同樣依序堆疊各種餡料。
4. 最後蓋上吐司，切半即完成。

⌐ 蛋沙拉三明治 ⌐

材料（2個份）

		【蛋沙拉】	
白吐司	3 片	水煮蛋	4 顆
生菜	適量	馬鈴薯泥	70g
牛番茄	4 片	玉米粒	50g
		美乃滋	120g
		黑胡椒粗粒	2g

作法

1. 水煮蛋切碎；將蛋沙拉的所有材料攪拌均勻；吐司去邊。
2. 同「鮪魚洋蔥三明治」，將吐司、餡料依序堆疊即完成。

⚐ 香蒜吐司條 ⚐

材料（6 個份）

白吐司	半條
【香蒜醬】	
新鮮巴西里	**12g**
無鹽奶油	**160g**
蒜泥	**80g**
鹽	**4g**
白胡椒粉	**2g**
蜂蜜	**2g**

作法

1. 將吐司邊切除，吐司切成長條狀。
2. 巴西里切碎，將香蒜醬的所有材料攪拌均勻後，均勻抹到吐司上。
3. 放入烤箱，以上火 190℃ / 下火 180℃烘烤 10 分鐘即完成。

特別篇
金牌團隊的
得獎麵包

結合寶島食材
發揚海外的台灣之光

首度公開 7 款開平團隊獨家研發的麵包製法。
成功奪下多屆全國技能競賽冠軍的配方,
除了通過「風味、口感、外觀、創意、市場性」肯定,
更成功將台灣在地食材和麵包結合,
開創具有在地風情的全新口味。

蘋果櫻桃綠胡椒麵包

難易度 ★★★★★

以櫻桃啤酒慢火煮到收汁的果乾，
結合了新鮮的蘋果清甜，以及櫻桃乾的濃郁香氣，
不僅和胡椒一同交疊出多層次的香氣，
也增添了獨特而迷人的濕潤口感。

• 剖面組織 。Cut

| 撒上麵粉的表面，因為烘烤前劃的刀痕裂開，形成漂亮的分層 | 外層脆硬，中間的組織鬆軟，帶有明顯而濃郁的胡椒和酒香 | 加入大量含水量高的水果乾，烤好後的麵包濕潤有彈性 |

• 材料 。Ingredients

製作分量：5 個（一個 300g）

	重量（g）	百分比（%）
T55 法國麵粉	655	100
低糖酵母	4	0.5
鹽	14	2
水	308	47
麥芽精	3	0.4

	重量（g）	百分比（%）
櫻桃啤酒水果乾（製作方法詳見 P329）	276	42
魯邦硬種	341	52
總 計	1601	243.9

* 魯邦硬種製作方法請參照 P25

• 製作工法與流程 。Outline

| I 麵團攪拌 | → | II 基本發酵 | → | III 分割中間發酵 | → | IV 整型 | → | V 最後發酵 | → | VI 裝飾烘烤出爐 |

I 麵團攪拌
- 用低速攪拌成團
- 改中速，攪拌至完成階段
- 加入果乾，以低速拌勻

II 基本發酵
- 溫度 30℃、濕度 65%
- 基本發酵 60 分鐘

III 分割中間發酵
- 平均分割成重 300 公克的麵團
- 分別滾圓
- 溫度 30℃、濕度 65%
- 中間發酵 30 分鐘

IV 整型
- 整型成橄欖形

V 最後發酵
- 溫度 30℃、濕度 65%
- 最後發酵 40 分鐘

VI 裝飾烘烤出爐
- 劃切割紋
- 上火 230℃ / 下火 210℃
- 烘烤 30 分鐘

• 工法步驟 ◦ Directions

■ I · 麵團攪拌 ■

1 盆中倒入水、麥芽精後，加進酵母攪拌至溶化。接著倒入放有 T55 法國麵粉、鹽的攪拌盆中。以低速攪拌 5 分鐘到稍微成團，接著將魯邦種分小塊放入，改中速攪拌 10 分鐘至完成階段。

2 取出攪拌到光滑的麵團，切小塊，和櫻桃啤酒水果乾一起放回攪拌盆中，以低速攪拌 3-5 分鐘，拌勻即可。

■ II · 基本發酵 ■

1 將攪拌好的麵團從鋼盆中取出，撒上手粉，將麵團四周收入底部後滾圓，放置在溫度 30℃、濕度 65% 的環境下 60 分鐘，做基本發酵。

T·I·P 這款麵包為了提升濕潤口感，果乾刻意保留較多水分，所以做出來的麵團比較濕，操作時手上會沾黏粉塊。

2 發酵前、後差異非常明顯。

■ III · 分割、中間發酵 ■

1 將麵團取出，表面撒上一些手粉，將麵團分割成 300 公克。

2 將麵團往前對折後，底部稍微往內收到麵團下方。

3 將麵團 90 度轉向後翻面，再對折一次，一樣將底部往內收後，滾圓。

4 將滾圓後的麵團,放置在溫度 30℃、濕度 65% 的環境下 30 分鐘,做中間發酵。

■ IV·整型

1 在中間發酵好的麵團上面撒上一些手粉,放到工作檯上,用雙手拍一拍麵團兩面,將內部的空氣排出。

2 拍出空氣後,雙手將麵團下方往下拉出兩個角,形成一個長方形。

3 將靠近身體這端的麵團往上折 1/3,再將上方的麵團往下折。

4 以手指按壓麵團上的接合處後,以接合處為中心對折麵團。

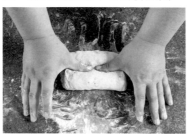

5 用手掌拍壓對折後的接合處,使其固定後,將接合處朝底部,搓滾麵團,使其延展成棒狀。

6 將雙手放在麵團兩側,將麵團兩端搓成尖角狀的橄欖形。

■ V·最後發酵

1 在木板上鋪入發酵專用帆布,折成 3 個細長凹槽,將整型好的麵團收口朝下,放入帆布凹槽中。最後再撒些手粉,在上方蓋上乾的帆布,放置在溫度 30℃、濕度 65% 的環境下 40 分鐘,做最後發酵。

2 將發酵好的麵團取出。取出時以木板做輔助，拉起帆布讓麵包翻到木板上，再翻回烤盤上。

2 放入已經預熱至上火 230℃／下火 210℃的烤箱中，烘烤 30 分鐘至表面呈現金黃色即可。

▨ VI · 裝飾、烘烤出爐 ▨

1 在上方撒上高粉，並用利刀在表面深劃一刀。

T·I·P 劃刀的速度要快，不要來回扯動麵團，一刀到底。

・櫻桃啤酒水果乾。

材料

	重量（g）	百分比（%）
蘋果丁	90	32
櫻桃乾	90	32
櫻桃啤酒	90	32
蜂蜜	8	3
綠胡椒粉	3	1
總計	280	100

＊此處為實際百分比

製作方法

1. 將蘋果丁、櫻桃乾、櫻桃啤酒加入煮鍋中，開中小火。
2. 待櫻桃啤酒收乾，拌入蜂蜜和綠胡椒即可。

天然酵母桂花荔枝麵包

難易度 ★★★★★

此款麵包的商業酵母用量極低，主要是以不同的菌種進行發酵，
雖然工序繁複，但完成後的口味豐富度、香味絕佳，
加入荔枝乾、桂花釀的麵團，連在製作中都散發陣陣香氣。
再利用松子襯托荔枝乾的香甜，讓整體呈現層次分明的風味。

• 剖面組織。Cut

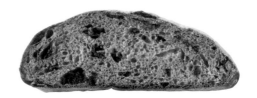

| 外層硬實、呈圓潤的三角形，表面有葉脈般的裂痕 | 中間的組織濕潤軟Q、具有彈性，散發桂花香氣 | 從切面可以看到明顯的小氣孔，以及均勻分布的荔枝乾和松子 |

• 材料。Ingredients

製作分量：6 個【一個 300g】

	重量（g）	百分比（%）
液種麵團		
T55 法國麵粉	161	22
全麥細粉	110	15
水	286	39
低糖酵母	1	0.1
桂花釀	22	3

	重量（g）	百分比（%）
主麵團		
T55 法國麵粉	460	63
低糖酵母	3	0.4
鹽	15	2
水	147	20
魯邦硬種	125	17
天然酵母種	161	22
魯邦液種	81	11
桂花荔枝乾（製作方法詳見 P335）	308	42
松子	44	6
乾燥桂花	8	1
總 計	1932	184.4

* 魯邦種製作方法請參照 P25
天然酵母種製作方法請參照 P25

• 製作工法與流程。Outline

I 麵團攪拌 → II 基本發酵 → III 分割中間發酵 → IV 整型 → V 最後發酵 → VI 裝飾烘烤出爐

I 麵團攪拌
- 用低速攪拌成團
- 改中速，攪拌至完成階段
- 加入果乾和松子，拌勻

II 基本發酵
- 溫度 30℃、濕度 75%
- 基本發酵 90 分鐘

III 分割中間發酵
- 平均分割成重 300 公克的麵團
- 分別滾圓
- 溫度 30℃、濕度 75%
- 中間發酵 30 分鐘

IV 整型
- 將中間發酵後的麵團整成三角形

V 最後發酵
- 溫度 30℃、濕度 75%
- 最後發酵 60 分鐘

VI 裝飾烘烤出爐
- 劃切割紋
- 上火 220℃ / 下火 210℃，烤 6 分鐘
- 上火 0℃ / 下火 0℃，用餘溫烘烤 34 分鐘

• 工法步驟 。 Directions

▋ I·麵團攪拌

1 製作液種。將 T55 法國麵粉、全麥細粉放入鋼盆中，加入水、低糖酵母、桂花釀，攪拌均勻後，放冷藏發酵 12 小時。

2 取出發酵好的液種，可以看到表面有很多明顯的小氣泡。

3 將主麵團的 T55 法國麵粉與鹽放入攪拌盆中，加入魯邦硬種、低糖酵母、水。

4 接著倒入魯邦液種、天然酵母種，以及發酵好的液種。

5 攪拌器裝入勾型攪拌棒，以低速攪拌約 2 分鐘後，轉中速攪拌 6 分鐘。取一小塊麵團出來拉出薄膜，若洞口平滑、幾乎沒有鋸齒狀，就表示麵團已經攪拌到完成階段。

6 此時加入桂花荔枝乾、松子和乾燥桂花，以低速稍微攪拌至均勻即可。

▋ II·基本發酵

1 將攪拌好的麵團從鋼盆中取出，稍微整圓後，放置在溫度 30℃、濕度 75% 的環境下 90 分鐘，做基本發酵。

■ III·分割、中間發酵 ■

1 取出發酵好的麵團，用切麵刀將其鏟到工作檯上後，在表面撒上一些手粉，平均分割成 300 公克。

2 取一顆分割好的麵團，用手拍平，排出內部空氣。

3 將拍平的麵皮翻面後，從下往上折兩折，讓收口朝下。

4 翻面後轉 90 度，再次從下往上折兩折，收口朝下。

5 用雙手滾圓麵團後，放置到溫度 30℃、濕度 75% 的環境下 30 分鐘，做中間發酵。

■ IV·整型 ■

1 取一顆中間發酵好的麵團，撒上一些手粉後放到工作檯上，用手將麵團拍平。

2 將雙手的 4 隻手指併攏、拇指張開，用食指側邊從下方推起麵皮，往中間聚攏成三角形的角，用手稍微捏合接口。

3 接著將下方的麵皮往上拉到中間，和上方麵皮接合後，用拇指按壓一下固定。

4 接著用手指將各接口逐一捏合固定。

5 翻面後即為平整的三角形。

V · 最後發酵

1 在木板上鋪入發酵專用帆布，放上整成三角形的麵團。再撒些手粉，在上方蓋上乾的帆布，放置在溫度30℃、濕度75%的環境下60分鐘，做最後發酵。

VI · 裝飾、烘烤出爐

1 取出最後發酵好的麵團，在上方撒上高粉後，用利刀在三角型中間先劃一長刀，再以此為中線，在兩側等距劃上葉脈般的斜紋，其他麵團依序完成。

2 放入已經預熱至上火220℃ /下火210℃的烤箱中，烘烤6分鐘後，將上下火轉至0℃，以餘溫烘烤34分鐘即完成。

• 桂花荔枝乾 •

材料

	重量（g）	百分比（%）
桂花釀	80	26
荔枝乾	226	74
總計	306	100

製作方法

將所有材料混勻即完成。

巧克力開心果橘條丹麥

將製作甜點時常用的巧克力、橘條、開心果組合，
跨界到奶油香濃厚、外酥內鬆軟的丹麥麵包中，
打造豐富的口感、香氣，以及苦酸甜共存的層次變化。

• 剖面組織 。 Cut

| 刷過糖漿的表面油亮，和撒可可粉處形成明顯分層 | 外層酥脆、中心柔軟，組織氣孔大而且層次明顯 | 中心為巧克力、橘條和開心果醬的三層內餡 |

• 材料 。 Ingredients

製作分量：20 個 【一個 50g 】

麵團	重量（g）	百分比（%）
高筋麵粉	400	66
低筋麵粉	200	34
細砂糖	42	7
鹽	12	2
高糖酵母	9	1.4
水	108	18
牛奶	192	32
無鹽奶油	60	10
裹入油	210	35
總 計	1233	205.4

內餡與裝飾	重量（g）	百分比（%）
耐烤焙巧克力棒	40 個	-
橘條	40 個	-
開心果餡（製作方法詳見 P341）	240	-
楓糖糖漿（製作方法詳見 P341）	少許	-
可可粉	少許	-
全蛋液	適量	-

• 製作工法與流程 。 Outline

I 麵團攪拌 → **II 裹油 三折疊** → **III 組合內餡** → **IV 發酵** → **V 烘烤出爐 裝飾**

- I 麵團攪拌
  - 用低速攪拌成團
  - 改中速，攪拌至完成階段
  - 冷藏 60 分鐘

- II 裹油 三折疊
  - 麵團中包裹入油
  - 三折疊兩次，冷藏 60 分鐘
  - 再三折疊一次，冷藏 60 分鐘
  - 分割成 10 公分 × 10 公分

- III 組合內餡
  - 包入巧克力棒、橘條和開心果餡

- IV 發酵
  - 在表面劃刀裝飾
  - 溫度 27℃、濕度 65%
  - 發酵 90 分鐘

- V 烘烤出爐 裝飾
  - 上火 210℃／下火 200℃，烤 10 分鐘
  - 上火 0℃／下火 0℃，用餘溫烤 25 分鐘
  - 刷上楓糖糖漿，撒可可粉裝飾

• 工法步驟 。 Directions

I·麵團攪拌

1 取一個鋼盆倒入水、牛奶後，再倒入酵母攪拌至溶化。接著倒入放有高筋麵粉、低筋麵粉、砂糖、鹽的攪拌盆中，將攪拌器裝入勾型攪拌棒，開始以低速攪拌約 3 分鐘。

2 攪拌到沒有顆粒的狀態時，加入奶油，以低速稍微拌開後，改中速攪拌到質地均勻、成團。

T·I·P 丹麥麵團不需要攪拌到光滑，以免之後裹油時拉扯導致筋性太強，無法膨脹。

3 將攪拌好的麵團從攪拌盆中取出，放到鋪好塑膠布的烤盤上。用雙手稍微壓平後，蓋上塑膠布，再繼續用雙手將麵團盡可能壓扁。接著放入冰箱冷藏 60 分鐘即可使用。

T·I·P 放冰箱冷藏的作用是為了減緩麵團發酵和奶油融化的速度。麵團盡量壓扁再放冰箱，冷卻的速度會比較平均。

II·裹油、三折疊

1 取出冷藏好的麵團，用擀麵棍稍微擀平後，翻面，在上面放上裹入油。

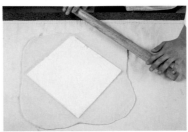

2 依序將四個邊往內折到中心點，包住中間的裹入油。

3 用擀麵棍在麵團對角線上的交接處壓一下，將接口壓實。另一對角線上的交接處也以相同方法壓實。

338

4 接著用擀麵棍從上往下，以按壓的方式壓過麵團整體。

5 再用擀麵棍將裹好油的麵團，擀成 1 公分厚的扁平長條狀。

T·I·P 使用丹麥機壓平麵團的速度快、操作容易，但在自家製作時因為量較少，使用擀麵棍擀開即可。

6 切去兩端不平整的邊，將麵團從兩邊往中間折成三折。折好後麵團轉 90 度，再次擀壓成 1 公分厚度的長條，一樣折三折後放冰箱冷藏 60 分鐘，接著再重複一次擀壓和三折動作，並冷藏 60 分鐘。

7 將折好的麵團，擀壓成厚度 0.8 公分、長 70 公分、寬 30 公分的長條狀。用尺或多輪刀在麵團表面做記號（標示出寬度），再用利刀分割成 10 公分 ×10 公分的方塊。

T·I·P 多輪刀是以拖拉的方式切割，僅用來做記號，不適合直接拿來切麵團，以免層次被拉掉、斷面不漂亮。

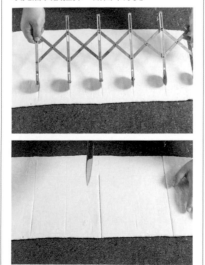

8 切割好的麵團，可以從側面看出一層一層的紋路。

III·組合內餡

1 在工作檯上墊一片木板，撒少許手粉，再放上一片切割好的麵團，用擀麵棍上下來回擀成長方形。

T·I·P 墊木板比較不容易沾黏，操作起來較方便。

2 在頂端往下一點點的地方，放上橘條和耐烤焙巧克力棒，從上往下捲起。

3 將開心果餡裝入擠花袋中，剪掉袋口尖端後，沿著捲好的麵團邊緣，擠兩條開心果餡（重量約 12 公克），再放上巧克力棒、橘條。

4 先用擀麵棍將麵團底端稍微往下擀平，接著從上往下將麵團捲到底。

5 將捲好的麵團交接處朝下，用雙手稍微按壓固定。此時從側面可以看到麵團中心呈現向內捲的狀態。

■ IV·發酵 ■

1 將包好內餡的麵團，用刀片在上方等間距劃下五道斜線後，即可放到烤盤上，放置在溫度 27℃、濕度 60% 的環境下 90 分鐘發酵。

T·I·P 劃刀時不要割太深，以免發酵後麵團斷裂，或是內餡流出來。

■ V·烘烤出爐、裝飾 ■

1 取出發酵好的麵團，在表面刷上全蛋液後，放入預熱至上火 210℃ / 下火 200℃的烤箱中，烘烤 10 分鐘。改成上火 0℃ / 下火 0℃，用餘溫烘烤 25 分鐘。

2 出爐後放至稍微冷卻後，在表面刷上楓糖糖漿，再用篩網撒上可可粉裝飾即完成。

·開心果餡·

材料

	重量（g）	百分比（%）
杏仁粉	100	35
奶油	50	17.5
糖粉	50	17.5
雞蛋	45	15.7
低筋麵粉	5	1.8
香草莢（取籽）	10（1枝）	3.5
開心果醬	25	9
總 計	285	100

* 此處為實際百分比

製作方法

將所有材料放入鋼盆中，拌勻即可。

·楓糖糖漿·

材料

	重量（g）	百分比（%）
楓糖糖漿	100	66
水	50	34
總 計	150	100

* 此處為實際百分比

製作方法

將所有材料放入煮鍋中，以小火煮滾即可。

丹麥麵團和很多甜鹹餡料都很搭，
嘗試看看加入自己喜歡的口味，
也許能創造出令人驚豔的表現。

百香果鳳梨丹麥

台灣的好山好水和氣候，孕育出許多高品質的水果。
選用產地直送的關廟鳳梨和百香果製成內餡，
絕妙的酸甜比例，是在地人獨享的美味特權。

• 剖面組織。Cut

烤色均勻漂亮，使用拉網刀割出的精緻網紋，像蓋子般蓋住中間的內餡

表層酥脆，中間的組織柔軟，氣孔大、層次分明

中心為飽滿的鳳梨果肉和百香果餡

• 材料。Ingredients

製作分量：20 個【一個 50g】

麵團	重量（g）	百分比（%）
高筋麵粉	400	66
低筋麵粉	200	34
細砂糖	42	7
鹽	12	2
高糖酵母	9	1.4
水	108	18
牛奶	192	32
無鹽奶油	60	10
裹入油	210	35
總計	1233	205.4

內餡與裝飾	重量（g）	百分比（%）
百香果餡（製作方法詳見 P345）	240	-
炒鳳梨（製作方法詳見 P345）	400	-
百香果糖漿（製作方法詳見 P345）	少許	-
覆盆子粉	少許	-
全蛋液	適量	-

• 製作工法與流程。Outline

I 麵團攪拌 → **II 裹油 三折疊** → **III 組合內餡** → **IV 發酵** → **V 烘烤出爐 裝飾**

I 麵團攪拌
◆ 用低速攪拌均勻
◆ 改中速攪拌成團
◆ 冷藏 60 分鐘

II 裹油 三折疊
◆ 麵團中包裹入油
◆ 三折疊兩次，冷藏 60 分鐘
◆ 再三折疊一次，冷藏 60 分鐘
◆ 分割成 10 公分 × 10 公分

III 組合內餡
◆ 包入百香果餡以及炒鳳梨
◆ 以拉網刀切割出網狀紋路

IV 發酵
◆ 溫度 27℃、濕度 60%
◆ 發酵 90 分鐘

V 烘烤出爐 裝飾
◆ 上火 210℃ / 下火 200℃，烤 10 分鐘
◆ 上下火 0℃，餘溫烤 25 分鐘
◆ 刷糖漿、撒粉裝飾

• 工法步驟 ◦ Directions

▌I · II · 麵團製作 ▌

1 丹麥麵團的製作方法，請詳見巧克力開心果橘條丹麥的工法步驟（P.338-339）。

▌III · 組合內餡 ▌

1 在工作檯上墊一片木板，撒少許手粉，再放上一片分割好的方形麵團，用擀麵棍上下擀成長方形。

2 將百香果醬裝入擠花袋中，剪掉袋口尖端後，在頂端往下一點點的地方，擠上 3 條百香果餡（重量約 12 公克），再放上炒鳳梨（重量約 20 公克）。

3 使用拉網刀，放在麵皮中間的位置上，用力壓一下後，往下快速拖到底。

T·I·P 拉網口在一般烘焙行皆可購得。使用時拖的速度要快，一次到底，不然刀子會黏在麵皮上。

4 將割開的網狀往上翻、蓋住餡料後，用手壓一下固定，並輕輕拉開網子。

▌IV · 發酵 ▌

1 將包好內餡的麵團放到烤盤上，放置在溫度 27℃、濕度 65% 的環境下 90 分鐘發酵。

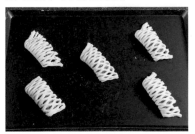

▌V · 烘烤出爐、裝飾 ▌

1 取出發酵好的麵團，在表面刷上蛋液後，放入預熱至上火 210℃ / 下火 200℃ 的烤箱中，烘烤 10 分鐘。改成上火 0℃ / 下火 0℃，用餘溫烘烤 25 分鐘

2 出爐後在表面刷上百香果糖漿，放至稍微冷卻後，再用篩網撒上覆盆子粉裝飾即完成。

• 炒鳳梨 •

材料

	重量（g）	百分比（%）
鳳梨丁	310	73.6
無鹽奶油	25	5.9
黑蘭姆酒	15	3.6
細砂糖	70	16.7
綠胡椒粉	1	0.2
總 計	421	100

＊此處為實際百分比

製作方法

1. 將奶油放入鍋中，開小火煮到稍微融化。
2. 加入鳳梨丁拌勻後，加黑蘭姆酒煮到收乾。
3. 加入細砂糖、綠胡椒粉，拌勻收乾即完成。

• 百香果糖漿 •

材料

	重量（g）	百分比（%）
細砂糖	100	45
水	50	22
麥芽糖	25	11
百香果果泥	50	22
總 計	225	100

＊此處為實際百分比

製作方法

1. 將細砂糖、水、麥芽糖放入煮鍋中，以小火
   煮滾。
2. 加入百香果果泥，均勻攪拌後即完成。

• 百香果餡 •

材料

	重量（g）	百分比（%）
杏仁粉	100	39
細砂糖	57	22
百香果果泥	61	24
無鹽奶油	20	7
雞蛋	21	8
總 計	259	100

＊此處為實際百分比

製作方法

將所有材料放入鍋中，開小火拌勻即可。

346

覆盆子菠蘿
巧克力布里歐

難易度 ★★★★

以覆盆子粉製成的菠蘿皮，看起來就像海底的珊瑚礁。
一口咬下，先是脆口的珍珠糖，再是濃得化不開的可可香，
巧克力中夾帶著莓果的酸甜，每一口都是令人難忘的滋味。

• 剖面組織 ◦ Cut

自然龜裂的粉色菠蘿皮
上，裹著一層白色珍珠糖
┃
麵包組織綿密濕潤，中心
是濃厚的巧克力卡士達

• 材料 ◦ Ingredients

製作分量：16 個【主麵團一個 30g、菠蘿皮一個 10g】

麵團	重量（g）	百分比（%）
高筋麵粉	180	100
可可粉	22	12
鹽	2	1
細砂糖	47	26
蛋黃	83	46
高糖酵母	5	2.4
牛奶	72	40
苦甜巧克力	40	22
無鹽奶油	40	22
草莓乾	47	26
總 計	538	297.4

使用模具：直徑 10.5cm× 高度 3.5cm 的花形模

覆盆子菠蘿皮	重量（g）	百分比（%）
中筋麵粉	64	32
覆盆子粉	11	5
細砂糖	43	20
無鹽奶油	43	20
雞蛋	22	10
總 計	183	87

* 此處為實際百分比

內餡與裝飾	重量（g）	百分比（%）
巧克力卡士達餡 （製作方法詳見 P351）	160	-
珍珠糖	少許	-

• 製作工法與流程 ◦ Outline

I 麵團攪拌 → **II 基本發酵** → **III 分割 中間發酵** → **IV 組合內餡 & 菠蘿皮** → **V 最後發酵** → **VI 烘烤出爐**

I
- 拌勻苦甜巧克力和軟化奶油
- 用低速攪拌成團
- 改中速，攪拌至完成階段

II
- 溫度 28℃、濕度 75%
- 基本發酵 60 分鐘

III
- 平均分割成重 30 公克的麵團
- 溫度 28℃、濕度 75%
- 中間發酵 15 分鐘

IV
- 將菠蘿皮材料拌勻後搓成條狀
- 平均分割成重 10 公克的麵團
- 在主麵團中包入巧克力卡士達餡
- 將菠蘿皮覆蓋在主麵團上
- 外層裹上珍珠糖

V
- 溫度 38℃、濕度 78%
- 最後發酵 50 分鐘

VI
- 上火 200℃ / 下火 200℃
- 烘烤 15 分鐘

• 工法步驟 ◦ Directions

▌I·麵團攪拌

1 將苦甜巧克力用微波爐分次加熱到融化後,和切成小塊、放置在室溫下回軟的奶油拌勻。

T·I·P 拌好的巧克力奶油必須當次使用完,不能再冰回冰箱。

2 將巧克力奶油、草莓乾以外的所有主麵團材料,倒入鋼盆中,以勾型攪拌棒開低速攪拌到成團、表面尚可看到粒狀糖、酵母的程度後,轉中速繼續攪拌。

3 持續攪拌到麵團表面變光滑的擴展階段後,加入混合好的巧克力奶油繼續攪拌。

4 取一小塊麵團出來拉出薄膜,若洞口平滑、幾乎沒有鋸齒狀,就表示麵團已經打到完成階段。

5 最後加入草莓乾,以中速稍微攪拌至均勻即可。

▌II·基本發酵

1 將攪拌好的麵團從鋼盆中取出放到工作檯上,略微整圓後移入烤盤。放置在溫度 28℃、濕度 75% 的環境下 60 分鐘,做基本發酵。

▌III·分割、中間發酵

1 將基本發酵好的麵團取出,倒扣到工作檯上,用手拍壓出空氣後,撒上手粉,分割成每個重 30 公克的麵團。

2 將麵團陸續滾圓後，放入烤盤中，放置在溫度 28℃、濕度 75% 的環境下 15 分鐘，做中間發酵。

ⅠⅤ·組合內餡 & 菠蘿皮

1 覆盆子粉和中筋麵粉混合後過篩，再和細砂糖混勻。

2 加入放置在室溫下回溫的奶油，以切拌的方式拌勻。

3 接著在中間挖一個洞，倒入打勻的全蛋液。以切拌的方式拌勻後，搓成長條狀。

T·I·P 過程中可分次添加少量中筋麵粉當手粉，避免沾黏。

4 將麵團平均分割成每個重 10 公克的菠蘿皮麵團後，搓圓。

5 取一顆中間發酵完的主麵團，在工作檯上壓扁成麵皮。

6 用切麵刀鏟起麵皮，以 5 隻手指的指尖托住後，拿包餡匙挖 10 公克的巧克力卡士達餡，放到麵皮中間稍微壓一下，再從麵皮開口四邊往中間收合、封口。

T·I·P 布里歐的麵團較濕黏，直接放在手上很難操作，以指尖托住即可。

7 將麵團收口朝下、放到烤盤上，用噴水槍在表面噴水。

T·I·P 噴水可幫助麵團和菠蘿皮黏合。

8 取一顆菠蘿皮麵團，用擀麵棍壓平後，以切麵刀鏟起，放到噴過水的麵團上。

9 將麵團底部的開口朝上，用手稍微收合菠蘿皮和麵團後，放回烤盤上，在表面噴水。

10 抓起噴過水的麵團，正面朝下放到珍珠糖中滾一下，讓表面沾附糖粉。

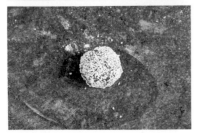

V·最後發酵

1 將組合完成的菠蘿麵團，放入噴好烤盤油的烤模中，放置在溫度 38℃、濕度 78% 的環境下 50 分鐘，做最後發酵。

VI·烘烤出爐

1 放入已經預熱至上火 200℃ / 下火 200℃的烤箱中，烘烤 15 分鐘，放涼後脫模即完成。

·巧克力卡士達餡·

材料

	重量（g）	百分比（%）
牛奶	75	45.2
動物性鮮奶油	15	9
細砂糖	15	9
蛋黃	23	13.8
中筋麵粉	8	5
苦甜巧克力	30	18
總 計	166	100

＊此處為實際百分比

製作方法

1. 在鍋中倒入牛奶和鮮奶油，煮到微滾。
2. 在另一個鍋中拌勻細砂糖、蛋黃和中筋麵粉。
3. 將煮滾的牛奶和鮮奶油，沖入步驟 2 的鍋中。
4. 開小火煮到呈濃稠狀後離火，放入苦甜巧克力，拌至均勻混合。

芒果荔枝布里歐

難易度 ★★★★

使用盛產時節的金黃芒果、白甜荔枝，
把在地美味濃縮在綿密柔軟的布里歐裡，
用味蕾上的記憶，訴說寶島夏日風情。

• 剖面組織 。 Cut

| 頂端是螺旋狀的馬卡龍麵糊，外層包裹杏仁片 | 氣孔緊密、大小均勻，組織鬆軟濕潤 | 中間為芒果果泥和荔枝卡士達的雙層內餡 |

• 材料 。 Ingredients

製作分量：20 個【一個 50g】

麵團	重量（g）	百分比（%）
高筋麵粉	480	100
細砂糖	125	26
鹽	6	1.1
高糖酵母	11	2.2
牛奶	173	36
蛋黃	192	40
蜂蜜	6	1.1
無鹽奶油	144	30
香草莢（取籽使用）	0.5（1 枝）	0.1
總 計	1137.5	236.5

使用模具：直徑 10cm× 高度 4.5cm 的花形模

內餡與裝飾	重量（g）	百分比（%）
芒果果泥（製作方法詳見 P357）	400	-
荔枝卡士達（製作方法詳見 P357）	400	-
杏仁片	少許	-
馬卡龍麵糊（製作方法詳見 P357）	300	-
蛋蜜（製作方法詳見 P361）	少許	-
糖粉	少許	-

• 製作工法與流程 。 Outline

I 麵團攪拌	II 基本發酵	III 分割 中間發酵	IV 組合內餡	V 最後發酵	VI 裝飾 烘烤出爐
◆用低速攪拌成團 ◆改中速，攪拌至完成階段	◆溫度 28℃、濕度 75% ◆基本發酵 60 分鐘	◆平均分割成重 50 公克的麵團 ◆溫度 25℃、濕度 75% ◆中間發酵 15 分鐘	◆包入 20 公克芒果果泥 ◆包入 20 公克荔枝卡士達	◆溫度 32℃、濕度 75% ◆最後發酵 50 分鐘	◆上火 180℃ / 下火 160℃ ◆烘烤 12-15 分鐘

• 工法步驟 。 Directions

■ I·麵團攪拌 ■

1 香草莢用刀背取出籽後，和
高筋麵粉、細砂糖、鹽一起放入
攪拌盆中。取一個鋼盆倒入牛
奶、蛋黃、蜂蜜，再倒入酵母攪
拌至溶化後，倒入攪拌盆中。將
攪拌器裝入勾型攪拌棒，開始以
低速攪拌約 3 分鐘。

T·I·P 酵母粉先拌溶再混合，以免無法
溶解的顆粒影響口感。

2 攪拌到粉狀感消失，再持續
攪拌到成團後，改中速繼續攪
拌。當麵團表面從粗糙到逐漸變
得光滑柔軟，原本四周沾黏麵糊
的攪拌盆也變得乾淨光亮時，取
出一小塊麵團輕拉出薄膜，如果
呈半透明、洞口邊緣為鋸齒狀，
即表示到達擴展階段，可加入奶
油繼續攪拌。

3 取一小塊麵團出來拉出薄膜，
若洞口平滑、幾乎沒有鋸齒狀，
就表示麵團已經打到完成階段。

■ II·基本發酵 ■

1 將攪拌好的麵團從鋼盆中取
出放到工作檯上，用切麵刀從四
周將攤開的麵團往中間集中，略
微整圓後，放置在溫度 28℃、
濕度 75% 的環境下 50 分鐘，做
基本發酵。

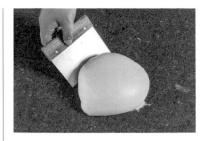

■ III·分割、中間發酵 ■

1 將基本發酵好的麵團取出，
用手由上往下按壓，將空氣排出
後，在麵團上撒上手粉，分割成
每一份重 50 公克的小麵團。

2 將麵團陸續滾圓後，放入烤
盤中，放置在溫度 28℃、濕度
75% 的環境下 15 分鐘，做中間
發酵。

IV · 組合內餡

1 取一顆發酵好的麵團，在工作檯上用手壓開、排出內部空氣後，再將四周壓得更為扁平。

2 用切麵刀鏟起壓扁的麵皮，翻過來放到手上，用拇指指側和另外 4 隻手指的指尖托住麵皮，讓麵皮和手掌心間保留空隙。

3 用包餡匙挖 20 公克的荔枝卡士達，放到麵皮中間，再挖 20 公克的芒果果泥疊上去。

4 用包餡匙輕壓一下放好的內餡，接著開始從麵團四邊往中間邊壓邊收，直到完全收口密合。

5 將包好餡的麵團放在杏仁片中滾一圈，讓底部沾滿杏仁片（頂端不沾）。

V · 最後發酵

1 將包好內餡、沾好杏仁片的麵團，放到噴好烤盤油的烤模中，放置在溫度 32℃、濕度 75% 的環境下 50 分鐘，做最後發酵。

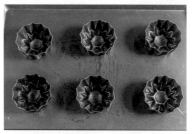

VI · 裝飾、烘烤出爐

1 將馬卡龍麵糊裝入擠花袋中，在擠花袋尖端剪一小洞後，在麵團上畫螺旋狀花紋（一個約擠 15 公克），接著用篩網撒上糖粉，即可準備烘烤。

2 放入預熱至上火 180℃／下火 160℃的烤箱中,烘烤 12-15 分鐘。出爐後放涼、脫模即完成。

•芒果果泥•

材料

	重量(g)	百分比(%)
芒果泥	62	14.5
芒果丁	170	40.4
細砂糖	36	8.5
檸檬汁	5	1.2
杏仁粉	85	20.3
雞蛋	45	10.6
無鹽奶油	19	4.5
總 計	422	100

＊此處為實際百分比

製作方法

1. 將芒果泥、芒果丁、細砂糖、檸檬汁放入鍋中,小火煮到收乾。
2. 接著加入杏仁粉、打勻的蛋液、奶油,小火煮到收乾。

•荔枝卡士達•

材料

	重量(g)	百分比(%)
動物性鮮奶油	200	39
荔枝果泥	200	39
蛋黃	80	15.3
玉米粉	32	6
無鹽奶油	4	0.7
總 計	516	100

＊此處為實際百分比

製作方法

1. 在鍋中放入動物性鮮奶油、荔枝果泥,以小火煮到微滾。
2. 在另一個鍋中加入蛋黃、玉米粉拌勻後,沖入步驟 1 中煮滾的荔枝鮮奶油。
3. 開小火煮到呈濃稠狀後,放入奶油拌勻即完成。

•馬卡龍麵糊•

材料

	重量(g)	百分比(%)
杏仁粉	100	32.4
低筋麵粉	5	1.6
細砂糖	125	41
蛋白	75	25
總 計	305	100

＊此處為實際百分比

製作方法

將所有材料放入鋼盆中,拌勻即可。

番茄捷克乳酪布里歐

蛋糕般鬆鬆軟軟的口感，夾帶著鹹香的番茄乳酪肉醬，
表層撒上經過脫水乾燥、香氣更盛的蜜漬番茄，
一層又一層，堆疊出貨真價實的冠軍級美味。

• 剖面組織 • Cut

| 表層是烤得焦脆的乳酪絲和蜜漬番茄 | 麵包體的氣孔有大有小，分布緊密均勻，組織鬆軟 | 中間包裹紮實綿密的番茄瑪茲瑞拉肉醬 |

• 材料 • Ingredients

製作分量：20 個【一個 50g】

麵團	重量（g）	百分比（%）
高筋麵粉	480	100
細砂糖	125	26
鹽	6	1.1
牛奶	173	36
蛋黃	192	40
高糖酵母	11	2.2
蜂蜜	6	1.1
無鹽奶油	144	30
香草莢（取籽使用）	0.5（1 枝）	0.1
總 計	1137.5	236.5

使用模具：直徑 10cm× 高度 4.5cm 的花形模

內餡與裝飾	重量（g）	百分比（%）
番茄瑪茲瑞拉肉醬（製作方法詳見 P361）	800	-
蜜漬番茄（製作方法詳見 P361）	200	-
蛋蜜（製作方法詳見 P361）	少許	-
乳酪絲	少許	-

• 製作工法與流程 • Outline

I 麵團攪拌 → II 基本發酵 → III 分割中間發酵 → IV 組合內餡 → V 最後發酵 → VI 烘烤出爐裝飾

I 麵團攪拌
- 用低速攪拌成團
- 改中速，攪拌至完成階段

II 基本發酵
- 溫度 28℃、濕度 75%
- 基本發酵 60 分鐘

III 分割中間發酵
- 平均分割成重 50 公克的麵團
- 溫度 25℃、濕度 75%
- 中間發酵 15 分鐘

IV 組合內餡
- 包入 40 公克番茄瑪滋瑞拉肉醬
- 表面撒蜜漬番茄

V 最後發酵
- 溫度 32℃、濕度 75%
- 最後發酵 50 分鐘

VI 烘烤出爐裝飾
- 表面撒上乳酪絲
- 上火 180℃ / 下火 160℃
- 烘烤 12-15 分鐘

• 工法步驟 ｡ Directions

▌ I·II·III·麵團製作 ▌

1 布里歐麵團的製作方法，請詳見芒果荔枝布里歐的工法步驟（P.355）。

▌ IV·組合內餡 ▌

1 取一顆發酵好的麵團，在工作檯上用手壓開、排出內部空氣後，再將四周壓得更為扁平。

2 用切麵刀鏟起壓扁的麵皮，翻過來放到手上，用拇指指側和另外 4 隻手指的指尖托住麵皮，讓麵皮和手掌心間保留空隙。

3 用包餡匙挖 40 公克的番茄瑪茲瑞拉肉醬，放到麵皮中間後壓一下再拿起來，接著開始從麵團四邊往中間邊壓邊收，直到完全收口密合。

4 包好內餡的麵團放到噴好烤盤油的烤模中，並在表面撒上蜜漬番茄（一個約撒 10 公克）。

T·I·P 蜜漬番茄的鹹度高，只要撒在頂端中間就好，不要過量。

▌ V·最後發酵 ▌

1 將包好內餡的麵團放置在溫度 32℃、濕度 75% 的環境下 50 分鐘，做最後發酵。

▌ VI·烘烤出爐、裝飾 ▌

1 取出發酵完成的麵團，在表面撒上乳酪絲。

2 放入預熱至上火 180℃ / 下火 160℃ 的烤箱中，烘烤 12-15 分鐘。出爐後在表面刷上蛋蜜，放涼、脫模即完成。

•番茄瑪茲瑞拉肉醬。

材料

	重量（g）	百分比（%）
豬肉	150	18.3
洋蔥丁	90	10.9
番茄丁	50	6
番茄糊	50	6
水牛乳酪	30	3.6
動物性鮮奶油	44	5.3
雞高湯	80	9.7
黑胡椒	2	0.2
鹽	5	0.6
細砂糖	5	0.6
蒜泥	15	1.9
麵包粉	70	8.5
起士粉	50	6
高熔點乳酪	150	18.3
羅勒葉	3	0.4
橄欖油	30	3.7
總計	**824**	**100**

* 此處為實際百分比

製作方法

1. 將橄欖油倒入煮鍋中。
2. 依序加入豬肉、洋蔥丁翻炒後，加入番茄丁、番茄糊、水牛乳酪、動物性鮮奶油、雞高湯，以小火煮到微滾。
3. 接著以黑胡椒、鹽、細砂糖、蒜泥調味，最後加入起士粉、麵包粉、高熔點乳酪、羅勒葉，拌勻即可。

•蜜漬番茄。

材料

	重量（g）	百分比（%）
番茄丁	150	75
細砂糖	23	12
鹽	7	3.5
義式香料	7	3.5
橄欖油	12	6
總計	**199**	**100**

* 此處為實際百分比

製作方法

1. 在烤盤上拌勻番茄丁、細砂糖、鹽。
2. 放入預熱至上火 180℃ / 下火 180℃ 的烤箱中，烤到脫水。
3. 拌入橄欖油、義式香料即完成。

•蛋蜜。

材料

	重量（g）	百分比（%）
雞蛋	18	12
蜂蜜	33	22
橄欖油	100	66
總計	**151**	**100**

* 此處為實際百分比

製作方法

將所有材料攪拌均勻即可。

超 值
×
收 錄

國際級藝術麵包
工藝欣賞

〔 Show Time 〕

2017 HOFEX 香港國際美食大獎
專業組 藝術麵包『金牌』

Show
Time-

World of
fun's festival

〔 模型展 〕

2018 FHA 新加坡美食展
專業組 藝術麵包『金牌』

〔 Chinese New Year 〕

2015 HOFEX 香港國際美食大獎
專業組 藝術麵包『銀牌』

〔 新年 〕

2015 國際台灣餐飲挑戰賽 烘焙展示組
藝術麵包組 『特金牌』

〔 巴西嘉年華 〕

第 43 屆國際技能競賽
麵包製作職類國手選拔賽『冠軍』

〔 我的烘焙坊 〕

第一屆勞動達人盃全國技能競賽
麵包製作職業組『金牌』

〔 瘋狂馬戲團 〕

第三屆全國職場達人盃
麵包製作職業組『銀牌』

台灣廣廈 國際出版集團
Taiwan Mansion International Group

國家圖書館出版品預行編目資料

金牌團隊不藏私的世界麵包全工法：50款「歐×美×日×台」的經典麵包，
從基礎做法到應用調理，一次學會！/開平青年發展基金會著.-- 初版.-- 新
北市：臺灣廣廈，2018.12
　面；　公分.--（生活風格系列；56）
ISBN 978-986-130-410-6（平裝）
1.點心食譜 2.麵包

427.16　　　　　　　　　　　　　　　　　　　　　　107016902

金牌團隊不藏私的世界麵包全工法
50款「歐×美×日×台」的經典麵包，從基礎做法到應用調理，一次學會！

作　者／開平青年發展基金會	編輯中心編輯長／張秀環・**編輯**／許秀妃・蔡沐晨
攝　影／Hand in Hand Photodesign 璞真奕睿影像	封面設計／曾詩涵・**內頁排版**／菩薩蠻數位文化有限公司 製版・印刷・裝訂／東豪・弼聖・秉成

行企研發中心總監／陳冠蒨　　　　　　線上學習中心總監／陳冠蒨
媒體公關組／陳柔彣　　　　　　　　　數位營運組／顏佑婷
綜合業務組／何欣穎　　　　　　　　　企製開發組／江季珊

發　行　人／江媛珍
法 律 顧 問／第一國際法律事務所 余淑杏律師・北辰著作權事務所 蕭雄淋律師
出　　　版／台灣廣廈有聲圖書有限公司
　　　　　　地址：新北市235中和區中山路二段359巷7號2樓
　　　　　　電話：（886）2-2225-5777・傳真：（886）2-2225-8052

代理印務・全球總經銷／知遠文化事業有限公司
　　　　　　地址：新北市222深坑區北深路三段155巷25號5樓
　　　　　　電話：（886）2-2664-8800・傳真：（886）2-2664-8801
郵 政 劃 撥／劃撥帳號：18836722
　　　　　　劃撥戶名：知遠文化事業有限公司（※單次購書金額未達1000元，請另付70元郵資。）

■出版日期：2018年12月　　■初版6刷：2023年7月
ISBN：978-986-130-410-6

嘉禾牌

最安心的頂級麵粉

全台唯一通過SQF食安最高等級驗證的品牌

使用家用烤箱時的調整建議

　　本書示範的麵包成品，是使用付加濕功能的專業烤箱製成，因此麵團重量與烤焙條件都是以此烤箱為基準。但是，各廠牌烤箱因公升、瓦數、火力有所不同，各位在家製作時，務必依照自家烤箱的性能，適當調整溫度與時間，才容易成功。

　　下表列出適用於「35～60公升烤箱」的建議烤焙均溫以及麵團重量，烤焙時間須依烤箱情形自行掌控。

國家	品項	類型	麵團重量 (g)	烤焙溫度 『均溫』(℃)	頁碼
法國	法國長棍麵包	歐式麵包	60	190~220	032
	鄉村麵包	歐式麵包	80	190~220	040
	洛代夫麵包	歐式麵包	60	190~220	046
	牛角可頌	裹油類麵包	30	190~220	052
	巧克力可頌	裹油類麵包	60	190~220	058
	皇冠布里歐	甜麵包	60	160~190	062
	布里歐吐司	甜麵包	90	160~190	068
德國	玫瑰麵包	歐式麵包	80	190~220	074
	史多倫麵包	歐式麵包	80	190~220	078
	啤酒麵包	歐式麵包	80	190~220	084
	馬鈴薯穀物麵包	歐式麵包	60	190~220	090
	黑麥酸麵包	歐式麵包	80	190~220	094
丹麥	西洋梨丹麥	裹油類麵包	30	190~220	102
	覆盆子丹麥	裹油類麵包	30	190~220	108
	杏桃丹麥	裹油類麵包	30	190~220	112
	焦糖丹麥	裹油類麵包	30	190~220	116
	丹麥吐司	裹油類麵包	80	190~220	120
義大利	香料麵包棒	歐式麵包	20	190~220	128
	佛卡夏	歐式麵包	80	190~220	132
	巧巴達	歐式麵包	40	190~220	138
	水果麵包	甜麵包	80	160~190	144
奧地利	脆麵包棒	歐式麵包	60	190~220	152
	克蘭茲麵包	甜麵包	80	160~190	156
	凱薩麵包	歐式麵包	60	190~220	162
	咕咕霍夫麵包	甜麵包	80	160~190	168
瑞士	蝸牛麵包	甜麵包	40	160~190	174
	國王麵包	甜麵包	10gx1+ 5gx8=50	160~190	180
	榛果麵包捲	甜麵包	60	160~190	184
	辮子麵包	甜麵包	20gx3=60	160~190	190

英國	英式脆皮吐司	吐司類	80	190~220	198
	英式馬芬	甜麵包	60	160~190	204
	英式胡桃麵包	歐式麵包	80	190~220	210
美國	肉桂捲	甜麵包	60	160~190	220
	貝果	甜麵包	60	160~190	224
	舊金山酸麵包	歐式麵包	80	190~220	230
	漢堡	甜麵包	40	160~190	236
日本	紅豆麵包	甜麵包	40	160~190	246
	克林姆麵包	甜麵包	40	160~190	252
	日式菠蘿麵包	甜麵包	40	160~190	256
	鹽可頌	甜麵包	30	160~190	260
	咖哩麵包	甜麵包	40	160~190	266
	炒麵麵包	甜麵包	40	160~190	270
	湯種白吐司	吐司類	80	190~220	276
台灣	經典菠蘿麵包	甜麵包	40	160~190	286
	墨西哥奶酥麵包	甜麵包	40	160~190	292
	蔥花熱狗麵包	甜麵包	40	160~190	296
	海苔肉鬆麵包	甜麵包	40	160~190	300
	蔓越莓乳酪軟歐	甜麵包	60	160~190	304
	巧克力核桃軟歐	甜麵包	60	160~190	310
	白吐司	吐司類	80	190~220	316
開平	蘋果櫻桃綠胡椒麵包	歐式麵包	80	190~220	324
	天然酵母桂花荔枝麵包	歐式麵包	80	190~220	330
	巧克力開心果橘條丹麥	裹油類麵包	50	160~190	336
	百香果鳳梨丹麥	裹油類麵包	50	160~190	342
	覆盆子菠蘿巧克力布里歐	甜麵包	30	160~190	346
	芒果荔枝布里歐	甜麵包	30	160~190	352
	番茄捷克乳酪布里歐	甜麵包	30	160~190	358

注意事項

- 確認烤箱的公升數達 35 公升以上。35 公升以下的小烤箱僅適合加熱。
- 確認烤箱的瓦數達 1500 瓦以上。
- 書上有註記使用蒸氣時,請自行噴水。
- 模具請自行更換或縮小比例。
- 考量到家用烤箱高度或深度不足,可參考列表將每個麵團重量減小。
- 麵團建議重量與烤焙溫度為參考值,基本原則為:
  · 甜麵包烤焙均溫為 160 ～ 190℃。
  · 歐式麵包與吐司類烤焙均溫為 190 ～ 220℃。
  · 裹油類必須以高溫烤焙。
  · 烤焙小麵團(約 30g 左右)時提高火力、短時間完成。一開始可先從較高的溫度嘗試。
  · 烤焙大麵團(約 60g 左右)時降低火力、拉長時間。一開始可先從中間溫度或偏低的溫度嘗試。
- 烤焙時間請參照自家烤箱品牌的建議,自行判斷調整。